徴兵・核武装論 上

Conscription
and Nuclearism

浅井隆

第二海援隊

プロローグ

我々が歴史から学ぶべきなのは、人々が歴史から学ばないという事実だ。

（ウォーレン・バフェット）

私たちを取り巻く危機を議論すべき時が来た!!

今もし、幕末・明治維新の志士たちが生きかえって、北朝鮮の核ミサイル問題を見たらなんというか。兵学者の松陰先生曰く、「こりゃ如何に。黒船来航以上の国難じゃ。草莽崛起の精神を今こそ発揮して、ただちに徴兵制を導入し、それと併行して核武装も断行して北の脅威に備えるべし!!」と。

では、「西郷どん」こと西郷隆盛はなんというだろうか。「じゃっで、あん時にオイドンを朝鮮へ派遣させておけばよかったもんを。まあ、こげんこつになってしもえば、仕方んなか。国民の肝っ玉を、すっかり入れ替えて国の守りに全力を注ぐしかなかど。よろしく大和魂を思い出して、この国難に当たるしかなかど。そんにしても、どっかによか先生がおらんどかい。軍師が必要であっど」とでもおっしゃるのだろうか。

最後に、あの坂本龍馬ならばどのような〝策〟を出すだろうか。「ほんじゃき、世界の海援隊ばぁ～こさえて、まず、ごっつぅ稼いでからじゃ、そのミサイルとかいうどデカイ飛び道具を撃ち落とすがよ。防空システムとかなんとかをワシが作ってやるきに、待っとうせ。そうじゃ、そんためには陸援隊の中岡も連れていかんとなあ。ワシがおれば、心配無用じゃ。乙女姉さんにもそう伝えてくれや」。

いずれにせよ、幕末の志士たちが二〇一八年の日本によみがえったとしたら、国民のあまりにも平和ボケした姿を見て、腰を抜かすか、怒りだすかのいずれかだろう。

私たちは、そろそろ何かをしなければいけない時期に来ていることだけは間違いない。幕末、各藩から湧くように出てきた志士たちが様々な場所で寄り合い議論を尽くしたように、現代に生きる日本人もこの国の行く末とこの国を守るための方策について、熱く語るべき時期に来たと言ってよい。そのためのキッカケとして、本書が少しでも貢献できればという思いで発刊に至ったのだ。

そこで、最初にはっきり宣言しておく。この本は「徴兵制を実施しろ、核武装を断行せよ」と主張するものではない。ただし、このままこの国を巡る状況が進んでいけば、やがてそうせざるを得ないような事態に追い込まれると警告を発するものである。

さらに言えば、北朝鮮の核ミサイル問題、中国の軍事的膨張と覇権大国への野望、そしてアメリカの長期的衰退とトランプによる外交の崩壊という大問題に加え、日本側が内側に抱え込んだとんでもないリスクが存在する。そのリスクはまだ顕在化していないが、それが表に出てきた時、この国は致命的な状況に陥るだろう。中国はそのことをよく理解した上で、対日長期戦略を組んできている。

我が国が抱える致命的問題とは、第一に財政破綻リスクであり（財政が破綻してしまえば、この国を防衛するための予算も大きく減らさざるを得なくなる）、第二に自衛隊そのものの防衛、戦闘能力に関わるものである。その二つを現政権が正しく認識しているかどうかは、はなはだ疑問と言ってよい。というよりも、国民レベルでもそのことはほとんど理解されておらず、それこそが一番の重大事と言ってよい。

そこで本書は、この極論ともいうべきタイトルと内容によって、国民の間に「将来、この国が直面する巨大なリスク」についての議論を巻き起こし、危機感を呼び覚まそうというものであり、それによってこの国の未来が少しでも明るく確固たるものとなれば、私達の目的は達成できたと言えるであろう。

二〇一八年八月吉日

浅井　隆

徴兵・核武装論〈上〉——目次

第三章　自衛隊の真実
――本当にどれくらいの戦闘能力があるのか
そして、本当に闘えるのか

第四章　徴兵、皆兵の歴史と世界の実情

第一章　石破 茂 vs 浅井 隆 対談

『核武装、徴兵制は必要？　悪魔の選択？』

人間は真実を見なければならない。真実が人間を見ているからだ。

（ウィンストン・チャーチル）

浅井　私どもは今まであまりこういったテーマの本を出版したことはないのですが、今回はあえて、日本の将来を考えた時に、すなわち次の世代のために安全で住みやすい日本を残すことが使命だと考え、アンチテーゼと言えるのかはわかりませんが、出版しようと思いました。

私は、「日本は絶対に徴兵制と核武装を実行しろ」と言うつもりはありません。しかし、このままだと将来、そうならざるを得ないような状況に追い込まれるのではないかと考えています。私は、日本人がこの問題をそろそろ真剣に考えるべきトキに来たと思っています。国民は、大いに議論すべきです。

私は前回（二〇一七年一二月一一日）石破さんにお会いした時、率直に感銘を受けました。日本の政治家の中では飛びぬけた戦略眼をお持ちというか……。

石破　そんなことありませんよ（笑）。

浅井　失礼な言い方になるかもしれませんが、私は石破さんとお会いするまでは、石破さんのことを単に「防衛問題に精通した政治家」くらいにしか認識していませんでした。しかし、会ってお話を聞く中で、確固たる戦略を持った政治家だという風に認識が変わりました。

この日本を取り巻く状況は、経済（財政）的にも地政学的にもこの二〇年でがらりと変わりました。それにも関わらず、日本の国民や政治家の意識は変わっていません。変わる必要性に気付いていないのかもしれません。

日本の周辺環境を俯瞰した時、ここ二〇年における最大の変化は間違いなく中国の台頭です。これは私の主観ですが、中国はこと日本に対しては特別な感情および戦略を持っているのではないでしょうか。中国人は「そんなことはないよ」と言うかもしれませんが、私からすると中国は日本に対してある種の敵意を抱いているように見受けられます。このことは、私に限らず多くの人が漠然と思っていることでしょう。

中国は、明らかに日本の領土と言える尖閣諸島の主権を唱えていますが、まともな国ならばそういうことをするとは思えません。しかも、あからさまに軍事力をちらつかせています。

石破　まあ、あまり普通の国がすることとは思えないですよね。

浅井　話を戦前にまで戻すと、先進国を中心に多くの国が拡張主義を志向していました。そこには日本も含まれます。しかし、現代で拡張主義を志向するのは時代錯誤としか言いようがありません。

中国は、二つの意味で日本を利用しようと考えているのではないでしょうか。一つは、日本の技術です。先進国にキャッチアップするために、中国が日本の技術を吸収（模倣）しようと考えているのは明らかです。これは、現在進行形の話です。二つ目は、対内的にも対外的にも日本を悪者に仕立てようとしている点です。悪い言い方をすれば、生贄の羊のような……。実際、中国は多くの場面で「悪いのは日本だ」と吹聴しています。たとえば軍事費の増大を他国から問われた際も、中国は往々にして「周辺の脅威が増大しているため」と主張します。その〝周辺〟に日本も含まれていることは間違いありません。

それとは別に、現在はヘゲモニー（覇権）が米国から中国に移行している最中だと私は考えています。米国が今すぐに没落するとは考えていませんが、長期的な下降局面にあることは間違いありません。一方の中国は、長期的な台頭の過程にあると考えられます。一時は中国が民主化するのではないかとの期待が西側諸国にはありましたが、現在の習近平国家主席の発言などを聞いていると明らかに民主化から逆行していると言わざるを得ません。どちらかというと毛沢東の時代に先祖帰りしているのではないでしょうか。すなわち、鄧小平が確立した集団統治体制を否定しているようにも思います。

中国は良くも悪くも長期的な戦略を持っています。二〇〇七年に米国の太平洋軍司令官が訪中した際、中国の海軍高官から「太平洋分割論」なるものを持ちかけられたと聞いています。すなわち、ハワイを基点に太平洋を東西に分割し、その東側を米国が、そして西側を中国が管理するという、むちゃくちゃな提唱です。米国の司令官は話を聞いた当初、冗談かと思ったようですが、どうやら中国側は本気で言っているのだと気付き、唖然としたと伝えられています。

こうしたG2論が近いうちに成立するかはわかりませんが、太平洋に浮かぶ日本も当事者意識を持って中国の覇権に異を唱えなければなりません。しかし、現実はどうでしょうか。依然として多くの人が他人事として捉えているのではないでしょうか。

日本を取り巻く脅威は、何も中国に限りません。ご存じのように、北朝鮮の核問題も米朝会談が開かれたとはいえ、今後どのようになるのか誰にも予見できません。もはやこのままでは、望もうと望まなかろうと徴兵制や核武装が必要な時代に突入するかもしれません。またスウェーデンなど西欧諸国の中には、徴兵制を復活させる動きが出てきました。

しかし、日本人の意識は一向に高まっていないように感じています。もちろん、一部には高い危機意識を持っている人もいます。私の知り合いにも北朝鮮のミサイル危機を現実のものと認識し、真っ先に核シェルターを設置した人もいます。とはいえ、ほとんどの人は危機が高まる中でもなんとなしに「怖いなぁ」と考えている程度ではないでしょうか。

中には、「イージス・アショアが配備されれば安泰だ」と考えている人もいるかもしれません。私はイージス・アショアの配備に反対ではないですし、日本のミサイル防衛網が着実に強化されるのは歓迎すべきことだと考えています。

しかし、イージス・アショアを配備したから日本の安全保障上の脅威が完全に払拭されるということにはならないとも考えています。問題はそこにあるのではなく、日本人の意識にあると考えています。すなわち、多くの国民が自国の防衛に関心を持っていないということです。この本は、そんな日本に一石を投じるようなものにしたいのです。

前置きが長くなりましたが、石破さんにまずお伺いしたいのは、中国や北朝鮮の脅威についての認識です。

石破　まず大前提として、私たち日本人は中国や北朝鮮が日本とはまったく別の考え方を持った国だ、ということをきちんと理解することが必要です。中国が覇権を追求する大きな動機の一つは、中国共産党が現行の一党独裁体制を維持することにあるだろうと私は思っています。歴史を振り返ればわかるように、中国では幾度となく王朝が成立しては崩れ去っていきました。現在は、いわば「中国共産党」という王朝が支配している時代と言ってよいと思います。

その中で、現在の支配体制は根源的な矛盾をはらんでいます。なぜなら、共産党の支配を維持しながら、ほとんど全面的に資本主義を導入しているからです。

普通に考えれば、共産党のイデオロギーの下では貧富の格差があってよいはずがありません。しかし、中国では世界でも最大規模の貧富の差が生じています。世代間格差や地域間格差は、日本のそれとは比べ物になりません。資本主義の欠点は格差が生まれることと、権力と資本が癒着することにあり、そうならないために先進各国では税制（再配分）などを工夫して貧富の格差を是正したり、公正取引委員会や独占禁止法などによって権力と資本の癒着が起きないようにしたりしています。しかし、中国のこのようなシステムはまだ未成熟です。中国国民からすれば、「共産主義なのに、貧富の差が拡大したり権力と資本の癒着が起こったりするのはおかしいじゃないか」ということにもなるでしょう。

それゆえ、国民の不満を逸らすために外に敵を作ったり、膨張主義によって他国の需要を自国民に還元したりしようと画策しています。一帯一路構想にもそういった面があるでしょう。中国が覇権を追求している背景には、こうした事情があることをきちんと理解しなければなりません。

習近平国家主席は昨今、ことあるごとに「中国の夢」を口にします。これについてはよく、アヘン戦争で英国に負ける前の状態、すなわち中国が世界の覇権国として君臨していた頃に戻ろう、という意味のスローガンだという解説がなされますが、果たしてそうでしょうか。たとえば、イタリアが「昔のローマ帝国を取り戻す」などということはありません。私が思うに、あくまでも中国共産党にとっては一党独裁体制の維持こそが最大の目的であり、かつての中国(覇権)を取り戻そうというのはレトリックでしかありません。

私は共産党の一党独裁体制など好きでもなんでもありませんが、もし仮に今の中国で民主化が進行して民主主義国家になると、おそらく中国は分裂してしまうと思います。核を持った国が分裂するという事態は、日本にとっても極めて迷惑な話です。それよりは、一党独裁であっても、安定的に成長を続け、対外的な冒険主義的傾向を抑えてくれる方が望ましいでしょう。

そのためには、我が国の拒否的抑止力(相手の力を発揮させず封じ込めること。また、自国の防衛体制を万全にするなどし、相手に攻撃しても意味がない、あるいはコストが高いのでやめた方がよいと認識させること）を強化し続けることが必須です。ご存じのように中国は東シナ海や南シナ海に進出してきていますが、「そうした野心は決して成功しないのだ」ということを知らしめなくてはいけません。

程度の差こそあれ、体制の維持こそが最大の国家目標だという点は北朝鮮にも当てはまります。（一九六四年に中国が核実験した毎日新聞の記事を示しながら。二三ページ参照）この当時に中国がやったことと同じことを北朝鮮が今やっているのです。この記事の主語を中国から北朝鮮に置き換えて読むと、まさに今起きているニュースに見えてくるのです。

おそらく中国は、この時に核を保有していなかったら、現在のような大国にはならなかったことでしょう。先ほどの記事を見ればわかりますが、中国は一九六四年の東京オリンピックの最中、正確には七日目に核実験をしました。国際社会の意表をつく形でした。

浅井　「人民がパンツを穿かなくても核を持って見せる」と毛沢東が言っていた、

という逸話がありますよね？

石破　毛沢東が言ったということになっていますが、正確には外務大臣（外交部長）の陳毅という人物が「（人民の）ズボンを質に入れてでも核を持つ」と言ったそうです。彼は軍人でもありました。中国が初めて核実験した当時は、中共と呼ばれていて、オリンピックに招かれたのは台湾（中華民国）でした。中国は呼ばれておらず、そこを狙ったとも言えます。

（一九六四年）一〇月一六日、池田勇人首相はオリンピックが終わると同時に癌のため総理を辞任しました。そのあとに就いた佐藤栄作首相は（同年）一二月に米国へ行ってリンドン・ジョンソン大統領と会談し、こうなった（中国が核を持った）からには「日本も核を持つ」と宣言したんですね。ジョンソン大統領も日本の核配備に一定の理解を示しましたが、米国内で「あの日本に核を持たせるわけにはいかない」という議論が巻き起こるのです。あの当時はまだ戦争の記憶が残っていましたから。

それで、日本が核を持たなくてもすむようにアメリカは「核の傘」を提供する、

この記事の主語を中国から北朝鮮に置き換えて読むと、まさに今起きているニュースに見えてくる（毎日新聞　1964 年 10 月 17 日付）

その代わりに日本は「非核三原則」に従う、という概念が誕生するのです。

浅井　それは知りませんでした。

石破　ほとんどの人が知らないんですよ。でも、中国はそういう国です。その国が今やGDP世界二位、国連安保理の常任理事国なんです。

浅井　おっしゃる通りです。私が思うに戦前と戦後の最大の違いは、核兵器の有無だと言えます。長崎と広島で初めて核が使用されたのですが、それを皮切りに米ソ、そして英国やフランス、中国が核を保有し、いわゆるNPT体制（米国、ロシア、英国、フランス、中国の五ヵ国以外の国の核保有を禁止する条約）ができあがりました。しかし、NPT体制は実質的に形骸化していますよね。イスラエル、そしてインドにパキスタン、さらには北朝鮮やイランも核開発が疑われています。それらの国が核をミサイルに搭載できるかは別ですが。

石破　そうですね。核の力は大きくて、たとえば米国の制止を振り切って核を保有したフランス、そして英国はNATOの中でも特別な地位を保っています。

浅井　そうした前例があることもあり、結局のところ、核拡散は進行していますよね。当然、唯一の被爆国である日本の立場は複雑ですが、ここで石破さんにお聞きしたいのは、率直に言って「ＭＡＤ」（相互確証破壊。相手に対し核兵器を使用した場合、もう一方の国が先制核攻撃を受けても核戦力を残存させ核攻撃による報復を行なう。これにより、一方が核兵器を先制的に使えば、最終的に双方が必ず核兵器により完全に破壊し合うことを互いに確証するものである。そのため、相互確証破壊が成立した二ヵ国間で核戦争を含む戦争は発生しないという考え方）は有効だったのでしょうか？

石破　効いていたと思います。効いていたから大きな戦争が起きなかったんでしょう。

浅井　やはりそうですよね。小規模な紛争はともかく、全面戦争が起きなかったのは、やはり核の抑止が効いていたからですよね。

今の日本の大きな問題の一つは、北朝鮮という国家が眼前にあって、これでもかというくらいに二〇一七年はミサイル実験を繰り返していたことだと思います。核兵器はすでに数十発持っていて、早ければ二〜三年以内に核弾頭をミサイルに搭載できると、かなり状況は切迫しているように思います。
では、そうした時に日本の戦略はどうあるべきか？　私は幅広い選択肢の一つとして、核武装も考慮に入れるべき時代に入りつつあるのかなと感じています。石破さん、それに関してはどうでしょうか？

石破　まず前提として、これは私も何度も国会で答弁したことですが、日本国憲法では核の保有は禁じられていません。すなわち、核の保有に関しては憲法上の問題ではないのです。私は必要最小限度という概念はあまり好きではありませんが、必要最小限度であれば核を持つことも可能なのです。

では、憲法上の制約がないのになぜ核を持たないという政策的な選択をしているかというと、いくつか理由がありますが、私自身は現在において日本の核武装は合理的な選択肢だとは思っていません。しかし、常に一つ一つ検証していくことは必要だと思っています。まず、我々日本人にとって一番大きいのは「唯一の被爆国」ということだと思います。

広島と長崎における原爆の惨禍たるや、それはむごいものでした。昭和四三年ですか、私が小学六年生だった時に米国が撮影した原爆の記録をＮＨＫが放映しました。その場面を私はありありと覚えています。小学校の教室で見ました。
　それは本当にむごく、衝撃的なものでした。それまでも写真では見たことはありましたが、映像では初めてでしたから。当時は白黒でしたけど、あの映像を見た時、やはり「核兵器というのは絶対に使ってはいけないものだ」と思いました。広島や長崎の原爆資料館を見ても、こんなむごたらしい人の亡くなり方があっていいはずがないと感じます。ですから、感情的には絶対に核を持ちたくない、使われることがあってはならない、と思うのです。

浅井　そうですね。使うことはあってはならないですよね。

石破　でも、そこで思考が止まっている部分もおそらくあります。多くの日本人がそうだと思います。だから核を使わせないための核、戦争をしないための核、という、いわゆる相互確証破壊の理論というのは日本人の思考の中に入ってていきづらいのだと思います。しかし、我々は被爆国だからそうなりますが、残念ながら世界の中では抑止論というのは核兵器を前提に成り立っていて、その基本的な理論は今も変わっていません。そして、良し悪しは別にして、我々も米国の「核の傘」を通じて、その抑止の体制に組み込まれているわけです。

しかし、傘はいつも同じでいいわけではない。雨が激しくなってきたら大きくて丈夫な傘でないと濡れてしまいます。そしてまさに今、雨が激しくなってきているのです。しかも上から降ってくるだけじゃなくて、横殴りの雨だって考えられるのです。そうなると、やはり定期的に、どんな傘を、どんな時にさすのかということを日米できちんと協議しておかなければなりません。その際、日本は「米国に置いてある傘は、大きくて丈夫な方が良い」と言いながら「傘を持ち込ませてはいけない」とも主張しています。これは、おかしな理屈です。

「非核三原則」のうちの「持たず、作らず」は自前で傘を用意することですから別として、最後の「持ち込ませず」というのは、米国の核の傘に守ってもらっている状況では理屈に合わない。だから「非核三原則のうち少なくとも『持ち込ませず』は見直した方が良いのではないか」と今まで何度か問題提起したのですが、そのたびに「この問題は理屈ではなく感情の問題なのだ」とお叱りを受けました。

誰しも、できることなら、「あの人は平和を愛する人だよね」と言われたいですよ（苦笑）。

浅井　うーむ（苦笑）。

石破　日本人にとってあの被爆体験というのは壮絶なものでした。しかし、被爆体験の記憶があるからといって思考停止に陥ってはならないだろう、とも思うのです。

浅井　私もそう思います。これは突飛な発想なのですが、一九四五年当時にもし日本が核武装していたら、すなわち米国との間で相互確証破壊が成り立っていたら、米国は日本に原爆を落とさなかったでしょうね？

石破　そうだと思いますよ。実際、日本もドイツも核武装を目指していました。（核武装に）成功しなかっただけの話です。

浅井　やはり今一度、日本は核武装の是非について考えるべきですね。ところで石破さん、北朝鮮にも相互確証破壊は通用すると思いますか？

石破　うーん、そうですねぇ……。まず、抑止力には報復的抑止力と拒否的抑止力の二種類があります。報復的抑止力とは、単純に言うと「やられたらやり返す」というもの。「だからやめときな」という話です。

これに対し、拒否的抑止力のわかりやすい例はミサイル防衛です。「撃っても必ず落とすから意味ないよ」ということです。あるいは核シェルターも拒否的抑止力に入ります。「撃っても日本人は死なないぞ。そして世界中から非難されるのはあなたたちだ」というものです。まとめると、「あなたたちの意図は達成されることはないよ。だからやめときな」というのが拒否的抑止力です。

現在の日本は報復的抑止力をもたないので、拒否的抑止力に特化しています。

浅井　わかりやすい説明をありがとうございます。では、日本はこのまま報復的抑止力を拒否し続けたままで良いとお考えですか?

北朝鮮は眼前の脅威ですが、中長期的には中国の脅威の方が日本にとってよほど深刻だと私は考えています。ですから、中国に対抗するためにも核武装は一つのオプションとして日本は検討するべき時期に来ていると思います。

石破　議論することは大切だと思います。脅威とは「意図と能力の掛け算」です。

たとえば相手を侵略しようとする意図がどれほど強くても、軍備が脆弱であれば真の脅威とはなり得ません。そうですよね？

浅井　はい。

石破　逆にどんなに軍備が屈強でも（相手を侵略するという）意図がなければ、これも脅威とはなり得ません。要するに掛け算なので、どちらかがゼロであれば脅威にはなりません。ですから、仮に日本が核兵器を保有したとして、それを報復的抑止力としてのみ保有するのだ、自ら（先制的に核を）使う意思はない、と示すことができれば、理論上は他国にとって日本の核脅威はゼロとなります。

同じことは他国にも言えますね。日本を亡きものにする能力をロシアや中国は持っています。もちろん、米国だって持っています。でも、現在の米国が日本を焦土化（侵略）しても何の得もないし、今の米国に日本を侵略する意図は微塵もありません。だから日本にとって理屈上の米国の脅威はゼロです。

ですから、仮に日本が核を保有しても日本人が「まったく使う意図はない」と示すことができれば、他国は日本を脅威としないでしょう。

浅井　ただ、中国は絶対にそうは思わないでしょうね（苦笑）。

石破　そうでしょうね（苦笑）。

ただそこは、地道な相互理解が必要な部分だとも思っています。私が防衛庁長官や防衛大臣を拝命していた頃は、日中で佐官級交流（日本からは一佐、二佐、三佐、中国からは大佐、中佐、少佐）が頻繁に行なわれていました。日本財団（笹川平和財団）の事業です。中国の人民解放軍の陸海空の佐官級が三〇人くらい、防衛大臣室にも来られました。私はレセプションにも積極的に参加しました。一時間半くらいの議論をしたりしまして、そこで私は、「せっかくですから、どうぞ機密にあたるもの以外は全部見ていって下さい」と言いました。

浅井　おー、本当ですか。

石破　たとえば、イージス護衛艦のＣＩＣ（戦闘指揮所）などはなかなかお見せできません。しかし、Ｆ‐15戦闘機や90式戦車、それにイージス艦でも、お見せできるものはたくさんあります、と言ったわけです。そうすると、「本当か？」と彼らは興味を示します。当時の統合幕僚会議議長（現・統合幕僚長）にも、

「可能な限り見せてあげて下さい」と言いました。その後、二週間くらいかけて北海道から九州まで行って視察してもらったのです。視察後、再び彼らを大臣室に呼び、「どうでしたか？」と尋ねました。すると、「よくわかった」と返答されました。

浅井　どういうことですか？

石破　「日本には、中国を侵略する能力がまったくないことがよくわかった」と言ったのです。私は「そうでしょう」と答えました。

私が防衛庁長官に就任した当時、小泉首相が靖国神社に参拝されたこともあって、中国では「日本の防衛庁長官は中国に来るな」という世論が渦巻いていました。そんな中、まずは米国に行きました。米国の大統領はブッシュJr.で、国防長官はラムズフェルドという老練な方でした。この時、今のミサイル防衛システムにおける迎撃ミサイルSM‐3の倍の性能を持つSM‐3ブロック2Aという新型ミサイルの共同開発を日米で行なうという合意をしました。これは画期的な合意だったと思います。

次にロシアに行き、ロシアのイワノフ国防大臣と議論をしました。私がロシアに行ったのは二月でしたが、その四月にはイワノフ国防大臣が日本に来ました。たったの二ヵ月の間に日露の国防大臣が両国を行き来したのです。これも画期的な出来事だったと思います。そして、今度はそれまで日本の防衛大臣が一度も行ったことがなかったインドに行きました。今でこそ日本とインドの防衛交流は盛んですが、当時では初めてのことでした。そこでも多くの議論をしました。

こうなると、中国からするとだんだんと気味が悪くなってきたのでしょう。米国では迎撃ミサイルの件で合意し、ロシアの国防大臣とは密に交流し、さらにはこともあろうに中国と犬猿の仲であるインドに行くとは、ということになったのかもしれません。結局、中国当局から招聘がありました。何を考えているのか話を聞こうと思ったのでしょうか。来てくれ、と言うのなら行こうじゃないかと思い、中国に行きました。

当時の中国の国防部長（大臣）は曹剛川という人で、本当に絵に描いたような「陸軍元帥」という雰囲気の方でした。彼は会うなり、おもむろに「（日本の）ミサイル防衛には反対だ」と言ってきました。私は「ミサイル防衛というのはどこかがミサイルを撃たない限り使わないものなのです。日本がミサイル防衛を構築して何か中国が困ることがあるのですか？　まさかお国が日本にミサイルを撃つつもりでもあるのですか?」とも言いました。すると「そんなことはない」と。

浅井　（笑）

石破　次は「有事法制に反対だ」と言われました。私は「有事法制というのは、我が国がどこかから攻められた時に自衛隊がすぐに動けるように整備するものです。つまり戦車が赤信号で止まるといったことがないようにすることです。また国民を素早く避難させ、戦場に市民を置いておかないようにすることです」と言いました。東京大空襲でも沖縄戦でも大勢の市民が犠牲になったのは、当時の日本政府に「戦場に市民を置いてはいけない」という認識が薄かったためです。この過ちを繰り返さないために、有事の際に市民をいち早く避難させ、自衛隊の迅速な行動を確保する、そのための有事法制であり、中国にとやかく言われる筋合いはないのだと説明しました。

するとと中国側は、少し黙り込んだあとに今度は、「イラク派遣に反対だ」と言い始めました。イラクへの有志連合の派遣は国連で決まったことです。戦争は（その時点で）終わっていて、自衛隊は何も戦いに行くわけではなく、壊れた道路を直したり、水道が壊れてしまった地域に給水をしたりしに行くのです。中国から反対と言われる筋合いはどこにもありません。そう言うと、中国側は黙ってしまいました。

浅井　それはそうなりますよね。

石破　当然ですね。すると、最終的に温家宝首相がお出ましになりました。これは日程にはなかったことでした。私は温家宝首相にも先ほどとまったく同じことを伝えました。そして、「せっかく中国に来たのだから人民解放軍の部隊や装備を見せて欲しい」とお願いしました。もちろん、陸海空すべてについて、具体的に見せて欲しい部隊や装備は事前に伝えてありました。軍事雑誌などに掲載されている、最新鋭の護衛艦や戦闘機、戦車などでした。

ところが最初に見せてくれたのは、なんと農場でした。

浅井　えー。

石破　曰く「これが人民解放軍の本質だ」と。自ら食糧を作り、国民に迷惑をかけることなく、すべて自己完結型の軍隊、それが人民解放軍というものだと。そして次は餃子工場に連れて行かれました（苦笑）。

浅井　餃子ですか！（笑）

石破　ただ農産物を作るだけではない、食糧として加工もするのだと。これ、本当の話ですからね。

私は田んぼや餃子もよいが、戦車などを見せてくれと頼みました。すると、一九七〇年当時の古い戦車を見せられました。そこで「そうではなく、お国の最新鋭の戦車が見たい」というと、「我が国にはそんな戦車など存在しない！」と言われてしまいました。

浅井　えー！　そこまで言ったのですか！

石破　では、これは何ですかと軍事雑誌にある最新鋭戦車の写真を指しながら聞き返しました。すると、それは〝捏造〟であると言われました。

浅井　それは何年前の話ですか?

石破　今から一五年ほど前のことです。日本のイージス艦のようなものも人民解放軍にはあると聞いていましたので、その写真を見せながら「これはあるのか」と問いました。すると、「こんな艦も我が国には存在しない」と。見せてくれた戦闘機はミグ21でした。一九七〇年代の戦闘機ですよ(苦笑)。これが最新鋭機ですかと聞くと、「そうだ!」と。そんなはずがありません。何度も言いますが、これは本当の話ですから。

浅井　徹底した秘密主義ですね……。

石破　単純に「日本には見せられない」、ということだったのではないかと推察します。その後、福田内閣で防衛大臣を務めている時に、中国のフリゲート艦を見る機会に恵まれました。中国のフリゲート艦が初めて表敬訪問として東京湾に入ってくるという、とても画期的なことでした。「深圳」という艦でした。

率直な感想は「何なんだこれは」というものでした。世界のフリゲート艦の博覧会のような艦船でした。レーダーはフランス製、ミサイルはベルギー製、いろいろとごちゃ混ぜで、統合されたシステムとして成り立っているようには私には思えませんでした。しかし、見せてくれたという意味では中国は進歩したなと思いました。

その後、海上自衛隊が返礼として中国の港を艦船訪問することになりました。当初は古いDDH（護衛艦）を出そうとしていました。退役寸前のヘリコプター搭載型の護衛艦で、理由を聞くと飛行甲板が広くてレセプションに向いているからということでした。私は「レセプションは別に陸上でやることにして、最新鋭の艦船を出して下さい」と言いました。私はここで、「日本は最新鋭のものを見せている。それに比べて中国側はどうなんですか？」ということを示したかったのです。

長くなりましたが、中国に対しては、きちんと言うべきことを言わなければいけないのです。日本のミサイル防衛に反対するのはなぜですか？　有事法制に反対するのはどうしてですか？　と質し、疑問には理論的に答える。そして、防衛装備を見せてもらい、当然、日本側も見せられるものはすべて見せる。これで

「日本が中国を侵略する意図などない」ということがわかります。日本の装備を見て、それでも中国が日本を侵略国家という軍人がいたら、その人は軍人として失格ですよ。兵器は嘘をつかないのです。兵器を見れば、大体その国が何を考えているのかがわかります。

浅井 なるほど。道は険しいかもしれませんが、相互理解が大切なのですね。日本には他国を侵略する意思は絶対にないと断言できますが、中国がそれを真に理解してくれるかどうか……。大変な作業になりそうですね。

話を戻しますが、北朝鮮が核弾頭を配備した場合を想定して、それが日本に五発同時に放たれた時、日本のミサイル防衛網で対処できますか?

石破 対処できます。

浅井 それは今のシステムでですか?

石破 はい。今のシステムで対処できます。洋上で九割、落とし損なった一割を地上で九割方、ほとんどは今のシステムで落とせると思っていただいていいと思います。

単純に、日本が持っている迎撃ミサイルの数よりも多いミサイルを撃ち込まれたら、それは落とせません。

浅井　そうですか。では、北朝鮮の金正恩は日本のことをどう思っているのですかね?

石破　それは、金正恩に電話して聞いてみなければわかりませんね（笑）。あくまでも推論の域を出ませんが、諸説あって、北朝鮮は中国など大嫌いで実は日本にシンパシーを感じているという説もあります。ただし、私が思うに金正恩は日本が好きだとか嫌いだとかではなく、あの支配体制を維持するために日本は使えるのか使えないのか、という視点でしか見ていないのではないでしょうか。

浅井　私は米国が先制的に手を出さない限りは、日本にミサイルを撃ってくる可能性は低いと見ているのですがどうでしょうか?

石破　北が先制攻撃をする合理性はあまりないですよね。

浅井　そうですよ。

石破　ただし、すべて合理性で判断されるのであれば、世の中に戦争は存在しないでしょうからね。

浅井　確かに、読み間違いとかも起こり得ますよね。

石破　そうです。読み間違いはよく起こります。また、一説には金正恩は「北朝鮮のない世界などない方が良い」と考えているらしいという話も聞きます。「死なばもろとも」ということですね。

浅井　そういう意味だと、戦前の日本も近いものがありましたよね。特攻隊などはそうだととれます。

石破　もし、金正恩が本当にそう思っているのならば、たとえば日本を道連れにして、というようなこともあるかもしれませんよね。

浅井　それは一番怖いですよね。

石破　少なくとも金正恩が核開発を放棄するというのは、体制維持という目的からするとあり得ないことです。それはソ連がなぜ崩壊し、ルーマニアがなぜ崩壊し、イラクがなぜ崩壊したかを観察していれば合理的に導き出されます。ソ連の場合は、情報統制がしきれなくなった、国民が米国は自由で豊かだということを知ってしまったことが大きな原因でした。ルーマニアのチャウシェスク政権は、軍を優遇しなかったために軍が反抗し、独裁政権が一夜にして崩壊した。イラクは核を持たなかったために攻められた。リビアもそうですよね。

浅井　そうですね。

石破　金正恩の父、金正日はまずソ連の例を見て徹底的な密告国家を作りあげた。北朝鮮の国民は、海外の情報にほとんど触れられません。そしてルーマニアの例を見て軍を徹底的に優先するという先軍政治を敷いた。最後にフセインの例に学んで核の保有を目指した。そうだとすれば、核の放棄はあり得ません。

しかし、体制さえ維持されればそれで良いというのであれば、米国や中国を本当に敵に回してしまったら、それもまた体制の維持が危うくなりますから、そこまではしないでしょう。ところが、日本を敵に回しても痛くもかゆくもないと彼らが考えている可能性はあります。そう考えると、彼らはいつでも日本を叩けるような準備を徹底していることでしょう。

浅井　迷惑な話ですよね。

石破　迷惑ですが、私はそう思っています。

浅井　ところで「ＥＭＰ攻撃」（核兵器を高高度で爆発させることにより電磁パルスを大量に発生させ、都市機能や通信インフラを破壊する攻撃のこと。電力インフラなども破壊されれば、食糧供給なども停止すると言われている。また、近年では核兵器の副次作用を利用したものでなく、核爆発を起こさずに電磁パルスを大量に発生させる兵器「高高度電磁パルス弾」の開発がなされているとも言われている）というものがありますが、これは現実的な脅威と言えますか？

石破　ＥＭＰに関しては、私も防衛省に調査を依頼しています。よく言われているように、ＥＭＰであれば地上にまで弾頭を落とす必要がありません。かなりの高度で爆発しても地上の電子機器、電子システムを麻痺させられると言われています。そうであれば、弾頭の大気圏再突入の技術が要らない分、容易に被害を与えられるということになります。

もちろん、すべての電子システムが完全に停止するかというと、そうではありません。たとえば光ファイバーなどは耐性があると言われています。

浅井　ただ、端末のパソコンなどはどうなのですか？

石破　たとえば米国ではシステムを常に更新しており、たとえＥＭＰ弾が炸裂しても通信システムなどは七割ぐらいが大丈夫だという説もあります。これはあくまでも一説ですし、では日本の電子システムはＥＭＰに対してどれほど脆弱なのか？　という問題には国家として明確に取り組まなくてはなりません。

また、ＥＭＰを含めた核弾頭ミサイルが発射された際、一番速度の遅いブースト・フェーズ（上昇局面）で迎撃することも、現在の技術では理論的に可能になりました。ブースト・フェーズは重力に逆らって上昇し、姿勢制御もできず脆弱です。この時点で迎撃できれば核弾頭でも着弾するのは発射した国内（自国）になりますから、脅威は相当に軽減されます。

浅井　ただ、そんな初期段階で本当に迎撃できるのでしょうか？

石破　私が現在のミサイル防衛システムの導入を決定した一五年前にはできませんでした。しかし現在では、理論上は可能だと聞いています。米国は以前からボーイング７４７、いわゆるジャンボジェットの先端にレーザービームの発射機を付けて、客席（胴体）部分でものすごい量の電力を作り、ミサイルに照射するということに真面目に取り組んでいます。それとは別に、現在すでにある無人機から空対空ミサイルを改良した迎撃ミサイルを発射して、ブースト・フェーズのミサイルを撃ち落とす、という考え方もあります。

浅井　それは相手国のかなり近くまで飛行しなくてはなりませんよね？

石破　そうです。だから領空ギリギリを飛行させるんですよね。仮に撃墜されたとしても無人機なら人的被害はありません。こうした技術が確立できれば、ミサイルを上昇局面で撃墜することも夢ではありません。こうした概念はブースト・フェーズ・インターセプトと言いまして、日米が共同で開発を急いだ方が良いと私は思っています。

浅井　ここから話題が少し変わります。石破さんもご存じのように米国は現在、長期的な凋落の局面にあると言えます。とりわけ、ここアジアにおけるプレゼンスの低下は看過できません。率直に言って、将来的に在日米軍が撤退することもあり得ますでしょうか？

石破　あるでしょう。置いておいても意味がなければ、出て行くでしょうね。
浅井　一〇、二〇、三〇年先を見越すとあり得ると？
石破　米軍は陸軍をほとんど日本に置いていません。多いのは海兵隊と空軍です。彼らは撤収しようと思えば、ひと月もあれば全部隊本国に撤収できるのではないでしょうか。
浅井　私が思うに米国は経済的にも疲弊しているように思います。アマゾンやアップル、それにアルファベット（グーグルをやっている会社）といったグローバル企業は元気ですが、製造業などは日独や中韓などにすっかり侵食されてしまいました。そうしたラストベルトからの支持でトランプ大統領が誕生したとも言えます。もちろん決定的に国力が衰退しているとは断定できませんが、国民の内向き志向などを勘案すれば、米国の影響力の低下は必至です。
そこで私は在日米軍の将来的な撤退の可能性をとても危惧しているのですが、石破さんは正直なところ、どれくらいの確率で彼らが撤退すると考えていますか？

石破　同盟は条約さえ結べば終わりというものではなくて、双方が利益を共有しうるように絶えず維持管理しなければいけないものだと思っています。そういう意味では、米軍にとって日本に部隊を置いておく意味がなくなる時は撤退するでしょうが、そもそもそういう状況を作らないことが日本のためともいえるのではないでしょうか。

単純な話、米国で軍人をお子さんに持つご家族の場合、自分のかわいい息子や娘が極東の日本にいることはそれなりに不安でしょう。米国から遠いですし、日本に来たことのない親御さんならなおさらです。それでも日本に部隊を置いておく意味というのは、現時点ではそれなりにいくつか考えられます。まずは政治的に安定していること、治安の良さ、そして高い工業力、ちなみに米国の航空母艦を修理できる技術を有している他国は日本だけですからね。

浅井　やっぱり……。横須賀と佐世保ですか？

石破　横須賀だけです。もちろん原子炉以外の部分です。

浅井　それは初めて聞きました。とても重要なことですね。

石破　そうですね。あと、これは沖縄についてよく言われることですが、日本全体においても同じことが言えるのは、その地政学的位置の重要性です。極東地域からインド洋を見渡した時に、日本の地理的要素が有する補給根拠地としての重要性、艦船を直すとか、燃料や弾薬を補給するとかですが、日本が仮に使えなければディエゴガルシア基地（インド洋に浮かぶ英国の属領）まで行くか、ハワイまで戻らなくてはなりませんから、そう考えると日本というのは位置的に非常に良い場所にあるということです。

ベトナム戦争の時には、米軍の作戦上、在日米軍基地はほぼ不可欠の存在でした。横田基地には負傷した兵士や壊れた戦車が大量に運ばれてきて、そこからさらに横須賀まで列車で運ぶということが、たびたびあったようです。朝鮮戦争の時はもっとすごかったでしょうね。しかし、イラク戦争の時には、すでに在日米軍基地はほとんど使われませんでした。

だから在日米軍の存在意義というのは、世界的規模で考えるなら、かつてと比べるとそんなに大きなものではないとも言えます。ただし、朝鮮半島や台湾の情勢を考えれば、日本に米軍を置いておく抑止効果は相当高いと考えるべきものでしょう。

浅井　ちらっと聞いた話なのですが、仮に朝鮮半島で有事が起きた際、中国がその隙を狙って台湾への侵攻を画策するのではないかと？　米軍にとっても朝鮮と台湾の二正面作戦はかなりの負担でしょうから。

石破　可能性は考えておいた方がいいでしょうね。ただ、先ほど申し上げたように、在日米軍基地の存在を前提にすれば、地理的に朝鮮半島と台湾海峡への二正面対応は可能ではないかと私は思います。さらに言うと、朝鮮半島有事で中国が何もしないということはあり得ないでしょうし、中国にとっても二正面になる状況で、台湾を侵攻することに意味があるのかというと、その点は疑問に思います。

浅井　ここからは自衛隊の話をしたいと思います。これはあくまでも仮定の話で、先ほどの話にも通じますが、もし仮に在日米軍が撤退した場合に自衛隊だけで日本を守ることはできるのでしょうか？　もちろん石破さんは元防衛大臣なのですべてをお話しすることはできないと思います。

しかし私は、自衛隊の問題点としてたとえば弾薬の数、あと定員割れの問題などが横たわっていると聞いたことがあります。あと、戦闘の訓練をそこまでしていないという話を聞いたこともあります。あくまでも在日米軍の補完部隊としての意味合いが強いと。石破さんは、総合的にどうお考えですか？

石破　それは、どのような相手がどのような態様で攻撃をしてくる事態なのかによって違うでしょう。そしてたとえ在日米軍がハワイあたりまで撤退していたとしても、来援しないということではありませんからね。たとえば北朝鮮が相手であるならば、我が国の領域内を自衛隊が守っている間に、米本国から北朝鮮本土への攻撃があって終結、という可能性が一番高いのではないでしょうか。

中国が相手であれば、まず中国には日本に全面戦争を仕掛ける意味はほとんどありません。可能性が高いのはたとえば尖閣諸島を支配下に置いたぞと、国際法用語で言うところの施政下に置いたぞと、すなわち起こるとすれば尖閣有事だと思います。その際に米国が出てくるかどうかは、保証の限りではありません。無人島の領有権争いに付き合っていられるか、と言い出すかもしれません。

では、尖閣有事はどのようにして起こるのか。いきなり戦闘機や駆逐艦が侵攻してくるのかというと、そうではないと思います。いわゆる武装漁民みたいな輩が複数で上陸して、「ここは我が領土だ」と宣言したり、五星紅旗を振り回したりする。そうなるとまずは日本の海上保安庁や警察が退去勧告をします。不法入国の取締りです。武装漁民が意図的に上陸したのであれば、彼らがそれに応じるわけがありません。日本側はこれが長引いて既成事実化されないよう、根気強く退去勧告するでしょうが、それでも彼らは応じないでしょう。そこで自衛隊の出番となるわけですが、武力攻撃があったわけではありませんから、自衛隊が出動するにしても治安出動となるでしょう。治安出動はあくまでも警察権の範囲内でしか対応できません。

このような、自衛権と警察権の間のグレーゾーン（平時でもないが有事でもない状態）という事態は間違いなく存在するのです。このグレーゾーンに適切に対応しうる権能が自衛隊に与えられないと、結局は何もできないということになりかねません。刻々と変化する事態に、法執行機関と自衛隊とが緊密に連携して、適切な対応を取ること、私はその必要性を二〇年前から訴えています。

浅井　なるほど、よくわかりました。では、現行の憲法や法体制の中では武装漁民が尖閣諸島に大挙して押し寄せたとしても、実質的には警察が不法入国者として取り締まる以外に選択肢がないというわけですね。

石破　そうです。このグレーゾーンに関してはもっと議論が進められるべきでしょう。

浅井　もっと言うと、今のままでは尖閣有事にほとんど対応できないということですよね？

石破　対応はできますが、日本側にある程度の被害が予想されるのではないか、ということです。

浅井　最悪の状態ですね……。

石破　「急迫不正の武力攻撃」によらない国家主権の侵害が起きた場合にどうするか、この点を真剣に考えないと、取り返しの付かない事態が起こるかもしれませんね。

浅井　中国はその辺をお見通しなんじゃないですか？

石破　おそらく、中国側の方が日本よりも日本の防衛法制をよく知っていると思いますよ（苦笑）。

浅井　ありえる話だと思いますね（苦笑）。彼らは狡猾ですからね。

石破　尖閣有事であっても、中国がもし明らかな人民解放軍による攻撃、すなわち「急迫不正のある武力攻撃」と認定できるやり方で主権を侵害すれば、日本政府も直ちに防衛出動をかけられます。

浅井　逆にそうなるのですね。

石破　そうなると日米同盟に基づいて米軍が対日防衛義務を発動する可能性も高くなります。しかし、中国はそんなこと百も承知でしょう。急迫不正の武力侵害には日本が防衛出動で対応する、日米同盟が機能する、最悪の場合は米国と全面戦争に発展してしまう、そんな馬鹿なことを中国がするわけがありません。すなわち、比較すれば先ほどの武装漁船シナリオの方が中国にとっては現実的なのだと考えられます。

浅井　そうして中国が既成事実を作ってしまうと……。中国が尖閣諸島を施政下に置いたら、今度は日本が何かした場合に「主権の侵害」だと訴えてくるでしょうね。

石破　そうですね。ですから、そうなる前に行動しなければならない。日米安全保障条約第五条には、「日本の施政下にある領域」への対応が記されています。しかし、尖閣諸島で日本の主権、すなわち司法、立法、行政がきちんと機能しているかというとどうなのでしょうかね。あそこは昔、ヤギを放した人がいてヤギが異常に繁殖しています。自然が荒れているのです。そこを逆手にとって環境省が自然の保護を名目に尖閣諸島に立ち入ってみるというのも一つのアイディアではないでしょうか。

浅井　それは良いですね。

石破　尖閣諸島でも、何かしら日本の行政が機能しているということを示さなくてはならない。そうでないと、「日本の施政下にある領域」と言うことが難しくなる事態も考えられます。

浅井　やはり人員を常駐させるか何かしないといけませんよね。

石破　常駐となると、あそこで生きていくのは大変だとは思いますけどね。

浅井　大変でしょうけど、定期的に船を出すなりして。せめて一〇人でも。南極ではないのですから。

石破　そうですね。国有化したから問題ないと言っている方もおられますが、国有化しても実効支配が認められなければ意味がありません。今のところはまだ実効支配がおよんでいると私は思っていますが、それをより明確にした方が良いのです。

浅井　自衛隊の能力というと、やはり対潜哨戒能力と機雷掃海能力は世界一ですよね？

石破　そう聞いています。

浅井　では、他の分野ではどうなのでしょう？

石破　冷戦時代のソ連に対してもっとも有効だったのは、日本の海上自衛隊の対潜哨戒能力でした。当時のＰ－２Ｊ、現在のＰ－３Ｃ、潜水艦も含めて、やはり日本の対潜哨戒能力は今でも相当に高いと言ってよいと思います。ただ中国の潜水艦は、かなりの勢いで性能を向上させてきていますので、予断を許しません。
もちろん課題もあります。相手側が数に物を言わせてたくさんの潜水艦を出してきた場合などでも十分な数のソノブイ（対潜水艦用音響捜索機器）が準備できているかどうか、などです。機密事項にあたりますので数量については申し上げませんが、足りない場合がないようにきちんと用意しておかなければなりません。

浅井　なるほど。では、弾薬や人員についてはどうですか？　大きな有事の際には足りるのでしょうか？

石破　専守防衛というのは、ほとんどの場合に国土が戦場になることを想定した防衛構想なので、自ずと持久戦となります。それには十分な燃料、弾薬、食糧、人員を確保しておかないと構想そのものが崩れてしまいます。一〇〇億円の立派な戦闘機を持ち、一隻一〇〇〇億円以上の立派なイージス艦を持っていたとしても、燃料や弾薬、人員が不足していれば単なる鉄の塊になってしまいます。今度、中期防衛力整備計画あるいは防衛大綱を見直しますが、そこでは正面装備だけでなく、後方体制を一体どれだけ準備しておくのだという、ベーシックな議論ではありますが、そこに焦点を当てなければならないと思っています。

では、一体それらがどれくらい必要なのかという点に関しては、飛行機がどれだけ撃ち落とされ、戦車がどれだけ破壊され、船がどれだけ沈み、人がどれだけ死ぬかということをなるべく正確に見積もらなければなりません。つまり消耗率の計算をきちんとやらなくてはいけないのですね。その点で、旧陸海軍の図上演習では「この船は沈まなかったことにしよう」だとか「この人は死ななかったことにしよう」という都合の良い演習ばかりしていたという話があります。やはりそこは最悪の状況を想定してやらないと、戦力の造成ということにはなりませんよね。

人が負傷した場合、戦場においては、軽いケガの人を優先的に治します。すぐに戦場に戻ることが可能だからです。重傷の人は後送します。これはトリアージという考え方ですが、防衛医官ばかりを養成できませんので、昔で言う衛生兵

（現在は衛生科隊員）が現場でかなりの医療行為をやらないとトリアージができません。「それは医師法に違反する」と言われているのですが、正直、そんなことを言っている場合ではありません。ですから、そういう状況に限って医師免許がなくても特例として手術までできるような制度を作るべきではないでしょうか。当然、資格制にすればいいのではないかと思います。

驚くべきことに、自衛隊が持っている救急車は防弾仕様ではないのです。たぶん、世界では日本だけだと思いますよ。

浅井　え！　では、戦場で走るのは無理じゃないですか？

石破　そうでしょうね（苦笑）。何でこういうことになっているのかと問うたところ、「防弾仕様にすると高いので」と（苦笑）。

浅井　やはり予算の問題は切実なんじゃないですか？

石破　それはその通りです。しかし、たとえば一両一〇億円する戦車を一台削って、今ある救急車を防弾仕様にすれば、何台も防弾仕様の救急車ができます。こういうことを言うから嫌われるのでしょうが、私は日本国政府がどれだけ自衛官を大切に考えているのかは、救急車を見ればわかると思うんです。

浅井　確かにそうですよね。

石破　救急車を狙うのは国際法違反だ、だから救急車を防弾仕様にしなくてもよい、と言う人もいます。しかし、テロリストが国際法を守ると思いますか？　実際、太平洋戦争中には病院船がどしどし沈められました。

継戦能力、つまりどのくらい持ちこたえられるのかを判断するのには、こういったことも含めて厳しく見積もらないといけません。

浅井　ところで『選択』という雑誌に出ていたのですが、自衛隊における指揮権が明確ではないという話です。極端な話、局面によって指揮権が変わるということもあるとか……。一番必要なのは指揮、統制、通信と言われていますよね？

石破　東日本大震災の時に一番活躍したのは隊員個人の携帯電話だった、という有名な話があります。しかし、戦場ではそうはいきませんよね。また、海自と空自は米軍とつながっていますが、陸自だけがつながっていないという問題もあります。本当に統合運用をやろうというのであれば、インフラとしての指揮通信システムをより強化させていく必要があると思います。尖閣有事の際も統合運用ということになっていますが、実戦を意識した訓練をしてみないと、ここ（『選択』誌）に書かれていることが本当かどうかはわかりません。

指揮権より上位の問題として、政治との関係をどうするかということもあります。いわゆる軍政（軍事行政）、つまり法律を整えたり、予算を付けて装備を整えたりすることは、立法権や行政権によるシビリアン・コントロールの要として政治が行ないます。これに対し、いわゆる軍令、実際のオペレーション（作戦計画）ですが、これには普通政治の側は口を出しません。政治家は責任を負うけれど、その決断は「この国と戦争して勝つ」ということです。日本の場合は「この国からの侵略を排除する」という決断となりますが、政治はその意思決定だけを行なうべきであり、「どうやるか」つまりそのための作戦は制服組に任せるべきものであって、それに政治が口を挟んではいけないのです。すぐれて専門的な軍事作戦に、素人が口を挟むことほど恐ろしいことはないからです。

ところが日本の場合には、制度上、防衛大臣や内閣総理大臣が口を挟めるということになっています。そこはきちんと政治の側が抑制し、実際のオペレーションは自衛隊に任せるという運用にしなければなりません。

浅井　いろいろな問題が横たわっていますね。

ここで最初の話題に戻ります。核武装の件です。日本はやはりオプションの一つとして核武装を議論した方が良いと私は考えています。

石破　いつも申し上げることですが、思考停止が一番恐ろしいことなので、議論することと自体は常に必要だと思います。ただ、その際に、メリット、デメリットの問題を明確にすることが大切だと思います。私が現時点で日本の核保有に否定的なのは、核を持つメリットよりもデメリットの方が大きいからです。

そもそも日本国内ではウランを産出していませんので、核兵器の開発をするにせよ、原料の輸入が必要です。今日本は原子力発電を続けていますが、核開発をするとなれば国際機関から原料の輸入が停止され、一切の原子力発電はできなくなります。また、実験を行なう場所もありません。そしてさらに大きな話をすれば、「あの日本が核開発をするなら」ということで、核開発の連鎖の引き金を引くことになるでしょう。たしかにＮＰＴ体制は不十分で欠陥もありますが、地上のあらゆる国が核兵器を保有する世界よりはましではないでしょうか。

ですから、私自身は現時点においては、核兵器を持たないという選択をします。だからこそ、核武装しなくてもすむだけの抑止力を補う方法を見つけなければなりません。そして、どうして核を持たない方がいいのか、という点を論証する責任が政府にはあると思っています。

浅井　あと、国民ももっと議論すべきですよね。

石破　そうです。できればメリット、デメリットを並べる、冷静な議論が望ましいと思います。

浅井　マスコミもおかしい。私も毎日新聞に勤めている時に変な経験をしていましてね。報道カメラマンをしていたのですが、誰もやったことがないことをしてみようと思って、米国のＮＯＲＡＤ（コロラド州にある核戦争を指揮するための地下司令部）や核戦略や指揮通信網を研究していたのです。米国防総省（ペンタゴン）と交渉して、アメリカの最高機密であるＮＯＲＡＤの中枢や戦略空軍の虎の子の空飛ぶ核戦争司令部を実際に現地まで行って取材しました。というのも当時はレーガン政権で、米ソだけでなくソ連側のワルシャワ条約機構軍とNATOもヨーロッパに大量の中距離核ミサイルをお互いに配備していつ核戦争をおっぱじめるのか、かなり切迫した時代だったからです。それに危機感を持った私は自費で必死にアメリカ本土を取材して回ったのです。しかし、社内の反応は不思議なものでした。「あいつは軍事オタクだ」だとか「右翼だ」と言われましたよ（苦笑）。私に言わせればそういう研究もしなければ戦争だって抑止できないわけですし。

石破　その通りですね。私だってずうっとそう言われていましたから（笑）。

浅井　そうした認識はおかしいですよね。何かずれているというか、現実を直視していないというか……。

石破　現実を直視していないと、いつかその報いが来るのです。

浅井　そうですよね。その意味で今の日本の状況はある意味怖いですよね。理想論ももちろん重要なのですが、さらに重要なのは現実的な議論と判断です。

今の日本周辺状況に則したまともな議論が日本にはあまり存在しません。また多くの政治家や官僚もその場しのぎの対応が多く、長期的視野に立って「正しいものは正しい」と命をかけて主張する人はまれです。皆、保身ばかりを気にして勇気をもって本当のことを言うことをしません。幕末の志士たちが生き返ったら嘆き悲しむかもしれません。

石破　その通り、怖いと思いますね。日本が核を持たないという選択をしているからこそ、私はニュークリア・シェアリング（核兵器の共有。北大西洋条約機構〈NATO〉において行なわれている）について日本として検証すべきなのではないかと思うわけです。もちろん、現代の核兵器ですから、単純に持ち込めばいいということにはならないでしょう。しかし、核を使うか使わないかの意思決定に日本が参加する仕組みはどうしても必要です。

浅井　うーむ。そうですよね……。

核の議論の他にも、もう一つ議論すべき重要な話題があります。それが「徴兵制」です。今の日本では時代錯誤と言われそうですが、この二〇年間の日本の周辺環境の変化により平和ボケしたこれまでの日本人の常識こそ、時代錯誤と言われかねない状況です。後の章に詳細は譲りますが、欧州ではスウェーデン、フランスなど徴兵制復活の動きが始まっています。その理由はロシアの脅威です。
翻って北朝鮮や中国の今後を考えた時に日本でも徴兵制についても今から考えておく必要があると私は思います。もちろん、今の日本人が徴兵制なんて聞いたらビックリしてしまうのでしょうけど。

石破　そうでしょうね。

浅井　これは仮定の話ですけど、その代わりか、その前段階として徴農制のようなものはどうでしょうか？

石破　農業の農ですか？

浅井　そうです。現在、日本の地方では耕作放棄地がとても増えていると聞きます。農業の衰退は看過すべきでない問題ですよね。また、現在の若い人たちの体力や気力を向上させるためにも、半年間くらいは農業に従事するというのもアイデアとしてはありなのではないかと思っています。

石破　はぁ。

浅井　これは一つの空想ですけどね（苦笑）。そこで今一度、本編に戻ります。私は仕事の都合でシンガポールによく行くのですが、ホテルにいる時、たまに轟音が鳴り響くのです。ジェット戦闘機の訓練を頻繁にしているのです。シンガポールは小国ですが、国防の意識がとても高いように見受けられます。

たとえば、チャンギ空港から市内に向かう無料の高速道路は有事の際、空軍が離発着に使用できるように作られているそうです。そして徴兵制を実施しています。経済規模との対比で見ると日本以上の備えをしています。

石破　そうですね。

浅井　シンガポールは一種の独裁体制ですけど、官民共に自国の安全保障に対して熱心な印象を受けます。あと、スイスは皆兵制ですよね。各家庭に銃が常備してあり、核シェルターの普及率も一〇〇％。そして射撃訓練が年に一～二回必ずある。スイスに行った時驚いたのですけど、宿泊先のご主人が当たり前のごとく「明日は射撃訓練なんだ」と言うのです。子供たちも参加し、一等賞を取ることがとても名誉なのだと話していました。スイスは永世中立国で、自ら他国に侵攻することはありませんが、攻め込まれたら国民全員で徹底的に戦う。私は、見上げたものだと感心します。

石破　その通りだと思います。

浅井　戦後の日本の平和国家としての歩みを否定するわけではありませんが、現在は日本を取り巻く環境があまりに変わってきています。北朝鮮の核問題は言うにおよばす、中長期的に最大の脅威として中国の膨張主義が挙げられます。このままの状態で日本人が自ら日本を守ることができるのか、非常に不安に思うのです。イザという時のために、今から徴兵制について議論しておくのはありなのではないかと思うのです。

自衛隊は今、定員割れしていますよね？　一体、どれくらい足りていないのでしょうか？

石破　それは陸海空でそれぞれ違いますからね、一概には言えません。

浅井　あとで詳しく調べてみましょう。どちらにしても私は、何かのアイデアを出さないといけない時期に来ていると思います。

石破　まずは、女性の活躍だと思います。それから省人化の技術をどれだけ導入できるか。警戒監視任務などについては無人機の活用が必須ですね。

徴兵制については、私は軍事合理性から考えて否定的です。現代の軍事装備は非常に高度で、一般国民が数週間訓練したからといって使いこなせるものではありませんし、戦闘の様相がもはや総力戦ではありませんから。しかし、憲法第一八条に規定される「その意に反する苦役に服させられない」の「苦役」にあたるから憲法違反、とする考え方には反対です。

浅井　これはあくまでも私見ですが、どうも一般の人たち、特に若い人たちを見ていると自分で自分たちの国を守る意識が低いというか……。これはあくまでも抽象的な印象ですけどね。

石破　実はアンケート調査をすると、「有事の際には、自衛隊と共に戦いたい」とする人の数は意外と多いのです。ただ、何の訓練もしていない国民がそのような行動をしたら逆効果になりかねませんし、そもそも国際法違反になってしまいます。まずは国民にどれだけ正確な知識を持ってもらえるか、だと思います。徴兵制を採用していなくとも、憲法に国民の義務として国防の義務を定めている国はとても多いのです。

そもそもいわゆる絶対王政の頃までは、王様が勝手に戦争を始めたり、勝手に税金を集めて勝手に使ったりしていました。しかし、戦争をするもしないも国民が決めるべきであり、税金の徴収もその使い方も国民が決めるべきだ、というのが市民革命の起こりです。ですから、それまでは軍隊といえば王様の軍隊を意味しましたが、市民が主役となったのだから市民（国民）による市民（国民）のための軍隊でなければならない、ということで徴兵制ができたわけです。自分たちで自分たちの国を守ろうという、とてもシンプルでロジカルな発想です。国民の国家であるならば、国家を守るのも国民です。ですから徴兵制なのです。すなわち近現代の民主主義国家と徴兵制は切っても切れない関係と言えます。セットなのですね。

しかし、こういったことは（学校の）歴史の時間にも習いませんでしたよね？

私も国会議員になってから知りました。よく講演でも言うのですが、「国民主権」については小学校の時に習いますが、「国家主権」については習った記憶がありません。国の独立とは何かということも、国家主権とは「領土と国民と法治機構」だという話も聞いたことがありません。「国の独立を守るのが軍隊で、国民の生命・財産を守るのは警察」なのだということを、まったく教わっていない。

浅井　確かに、習いませんでしたね。それと日本人は権利ばかりを主張し、義務というものを軽んじているように感じます。

石破　たとえばフランスでは、こういったことは常識なのです。だからこそ、フランスは長期にわたって徴兵制を維持してきました。しかし、現代の軍隊には徴兵制があまり馴染まなくなってきたのです。

徴兵制というのは、ある意味「質より量」の総力戦に向いたシステムです。しかし、現代の先進諸国では「量より質」、つまり圧倒的な破壊力と精密性で敵を圧倒し、戦闘を短期間で終結させる、という戦略をとっていますね。だから兵器もコンピュータの塊のようなものに進化してきて、軍隊全体がデジタルリンクされてシステムとして運用されます。そうなると、少数で良いからハイテクを使いこなせる人材が欲しいということになります。だからフランスも精鋭を養成する方向にシフトしたのです。

これはあくまでも軍事合理的に判断した結果であり、思想面における国民皆兵的な考え方を止めたわけではありません。ですからフランスは、一律的な徴兵制を止めた代わりに年に一度「国防の日」を設け、徴兵年齢に達した男女がフランス軍の歴史やフランスの安全保障戦略を受講するようにしたのです。これを受講しないと大学に行く権利も与えられず、運転免許も与えられないと言います。フランスはそういう国なのです。

「王様の軍隊ではなく国民の軍隊なのだ」という概念は、まさに徴兵制の概念そのものなのです。ここ日本における明治維新が真に市民革命と呼べるかどうかは議論が必要でしょうが、少なくとも幕藩体制が崩れて、天皇を頂点とした国民国家ができました。しかし、日本の場合はフランスのような「民主主義＝国民の軍隊」という概念ではなく、「天皇陛下を頂戴する国民の軍隊」というような、本来とは少し違う概念から徴兵制が採用されました。主権者である天皇陛下の軍隊ではあるが、国民全員は陛下の赤子《せきし》であるがゆえ、徴兵制なのだという。フランスが言うところの市民国家とは論理が少し異なっていたのです。

明治、すなわち戦前の日本の徴兵制というのは、近代の市民国家とは少し違うロジックで成り立ったと言えます。

浅井　なるほど。日本は市民革命を経ていないということですかね？　明治維新は革命でも武士を中心としたものでしたから。そうした影響もありますか？

石破　あるでしょうな。

浅井　米国は独立戦争をやりましたしね。

石破　はい。ドイツは現在でも徴兵制を採用しています。

浅井　そうですか？

石破　現在は休止していますが、廃止はされていないのです。しかも休止されたのはここ最近の話です。

私はドイツの徴兵に興味があったので、防衛庁長官を退いてから防衛大臣になるまで二年間くらいで何度かドイツに行き、ドイツの政治と軍隊の関係を勉強してきました。その当時、ドイツの国会議員、それこそキリスト教民主同盟から緑の党までいろいろな方にインタビューしました。どの政党の議員も「徴兵制は正しい」と言い切っていました。

浅井　そうですか！

石破　はい。そして、その理由として「ナチスドイツを二度と作ってはならないからだ」と言っていました。軍隊と国民が離れてしまったために、ナチスドイツが介入する隙ができたのだと。だから、市民（国民）を基本とした軍隊でなければならない、ということでした。軍人は軍人である前に市民でなければならない、軍を特別な存在にしてはならない、ということですね。兵役に就くのはすべて男性ですが、兵役によって軍は初めて市民社会と同化するという考え方です。

浅井　なるほど、ナチスの体験が基になっているのですね。徴兵制によって軍隊をあくまでも市民の一部にしておかないと、という考え方ですね。

石破　はい。そうでないと、再びナチスのようなものが現れると。

浅井　日本とは完全に逆の考え方ですよね。

石破　まったく逆の考え方です。

浅井　でも、非常に現実的な考え方ですよね。

石破　私はそう思います。

浅井　比べて戦後の日本人って何か変ですよね……。

石破　そうですね。私はドイツの「ナチスを作らないための徴兵制」という考え方に触れて、衝撃を受けました。こういう考え方もあるのだなと。

ついでに言いますと、ドイツは個別的自衛権を行使しないのです。集団安全保障すなわちＮＡＴＯの中でしかドイツ軍は動かない。「これがドイツの国益である」という個別の理由で軍事力を行使しないように制御しているのですね。個別の理由で動いた結果が、ナチスであった、だからドイツだけの都合で軍隊を動かしてはならない、となるわけですね。

浅井　そこには周辺諸国に対する一種の謝罪という面も含まれているのでしょうね。もう二度と、ああいうことを引き起こさないという自制というか。

石破　そうだと思います。

浅井　厳しく自制することが（現在の）ドイツ軍の正当化にもつながりますしね。大したものだと思います。

石破　ここも日本と正反対ですよね。日本は個別的自衛権はよくて、集団的自衛権がダメ。国連の集団安全保障にも参加しない。徴兵制は憲法違反だ。対するドイツは徴兵制こそがナチスを作らないための方法であると。

浅井　比較してみると、本質が見えてくる気がしますね。

石破　そうなのですけどね……。

浅井　日本も自国の防衛を真剣に考えなくてはいけない時期に差し掛かっています。核シェルターの設置など、議論すべきことはたくさんあります。その点、スイスにも見習うべき点があります。ほとんどの日本人はスイスにおける核シェルターの普及率が一〇〇%以上だということや、各家庭に銃があるということを知らないと思いますが、スイス人の防衛に対する意識は非常に高い。

石破　そうですね。スイスでは「民間防衛」という本がどの家庭にも配布されています。これは有事法制の時にも国会でご紹介しましたが、スイスでは軍が戦闘に専念し、国民それぞれが自力で防衛するのです。日本では、自衛隊を災害救助隊のような存在だと思っている人もいますが、あれは決して「主たる任務」ではありません。防衛法制上、自衛隊の「主たる任務」は防衛出動だけなのです。

つまり有事の際には、自衛隊は戦うことに専念しますから、国民保護はできないのです。では、誰が国民を保護・救出するのかというと、それは警察と消防がやることになります。災害の時に警察や消防がやっていたことは誰がするのかというと、そこで民間防衛組織が必要になるのです。だから自衛隊・警察・消防のOBなどであらかじめそういう組織を作っておかないと、有事の際にこの国はもたない、そういう話を国会でもしたのですが、「そんな恐ろしい話はやめてくれ」という感じでした。

浅井　戦後、本来は自分たちでやるべき防衛を完全に米国に任せようという意識が芽生えましたよね。何か、いびつで変な国になってしまいましたよね。

石破　そういう面は否めませんね。そもそもこの国では「国民を戦場においてはいけない」という基本的な考え方すら一般に認知されていません。戦中、東京大空襲でも大阪大空襲でも名古屋大空襲でも、疎開として都市部から避難していたのは子供と教師だけでした。空襲の現場に非戦闘員のほとんどがいたのです。

当然、多くの死者を出しています。どうしてあんなに多くの死者が出てしまったのか。一つには内務省と軍で「どちらの管轄か」という争いがあり、決着がつかなかった、ということがあったそうです。もう一つ、一般国民にも「兵隊さんと一緒にいれば大丈夫だ」という意識があったのでしょう。しかし、戦時において戦闘員と非戦闘員は決して一緒にいてはいけないのです。本土に向かう船が沈められた時も、女性も子供も高齢者も皆が軍と共に行動していたため、軍と共に死んでいきました。

広島で原爆が投下されて、大勢の方が亡くなりましたが、爆心地でも地下にいた人は死ななかった。「そうなんだ。地下にいれば助かるのだ」と広島と長崎の例に学んだことから、核シェルターの概念が生まれたのです。米国の戦略爆撃報告にそのことが書いてありました。だからスイスでもスウェーデンでも、イスラエルでも英国でも、広島と長崎の教訓から核シェルターの発想を得ました。

一方、被害を受けた当の日本のシェルター普及率は〇・〇二％と言われています。日本はＮＢＣ（生物、化学、核兵器）すべての攻撃を受けた唯一の国なのに、なぜそれらの防衛に対して無頓着でいられるのかと、諸外国は不思議に思っています。彼らはオウム事件にも学び、化学・生物兵器によるテロ対策を策定したのですから。

浅井　被害を受けた張本人がもっとも学んでいないということですね。

石破　「スイスのパンはとても不味い」という有名な話があります。これはなぜかというと、スイスではその年に収穫した小麦はすべて備蓄に回し、一年前の小麦でパンを作るため、不味いパンになってしまうのだと。日本に喩えると、古米しか食べないようなものですね。

浅井　それだけスイスの人たちは、サバイバルに備えているということですね。

石破　スイス国民の意識は本当にすごいと思います。農水大臣を拝命していた時、ダボス会議において、スイスの農林大臣とフランスの国防大臣と一緒に話をしました。スイスの卵はフランスの卵に比べて二倍くらいの値段がするらしいのですが、スイスの大臣は「どんなに高くてもスイス人は国産の卵を食べる」と言っていたのです。山岳地帯で養鶏をしている人たちは同時に国境を守っているのだから、彼らの暮らしを守るためにスイス人は自発的に国産卵を買うのだと言っていました。政策ではないのですね。

浅井　やはり、日本が見習うことは多いですね。ただ、いつかそのうち、ここ日本でも真に防衛を意識する時代がやってくると思います。それは半ば強制的にかもしれませんが。周辺環境の変化という意味で。二〇二〇年代にはやってくる気がします。

ところで、まったく話題が変わりますが、安全保障問題も深刻ですが、財政問題も深刻ですよね。

石破　財政に関しては、単純に、どこまでも無制限に国債を発行できることなどあり得ませんよね。その当たり前のことに正面から向き合わなければ、いつまでも財政問題は解決できないでしょう。大胆な金融緩和も永遠には続かないことはわかっていますよね。ただ金融政策は日銀の専権事項ですから、発言は控えます。

さて、財政についてですが、大雑把に言って、防衛費が年間五兆円、医療費が四二兆円、その医療費の中で保険で賄っているのが半分、自己負担が一割、残りは税金、そして三五兆円が国債です。これ（借金の分）をどうするのかっていう話なんですね。お医者さんに行けば、風邪薬だろうと湿布薬だろうと抗がん剤だろうと一律三割負担です。では、風邪薬とか湿布薬とか、そういう薬局で手に入るようなものは保険から外して、薬局にいる薬剤師さんと相談しながら自分でケアしていく、セルフメディケーションといいますが、これを進めていってはどうか。たとえば抗がん剤を投与される人と、風邪薬を病院でもらってくる人を比べると、後者の方が圧倒的に多いわけで、これをなんとかできないか。今はスイッチＯＴＣといって、病院でもらえるのと同じ成分の薬が薬局で買えるわけですから。これが進めば結果として医療費の削減にもつながるはずです。

浅井　そうですね。超高齢化で放っておけば医療費は膨張するばかりですから、いろいろな形で削減策を考えなければいけませんね。今のような時間稼ぎの政策がいつまでも続けられるわけはないのですから。このまま何もしなければ、戦中、戦後と同じ轍を踏むのではないかと危惧しています。

石破　大胆な金融緩和によって日本円が安くなる、円が安くなると株価は上がります。当たり前のことが当たり前に起こっているとも言えます。しかし、将来的な副作用にも目を配らなければいけません。

浅井　所詮、債務（借金）は債務なんですね。チャラにしようとしてもインフレというしっぺ返しが来る。恐らく、このままでは二〇二〇年代にはむちゃくちゃな時代が来てしまいそうです。もしかすると、二〇二五年くらいには財政危機が起こるかもしれませんね。

石破　今、金融緩和と財政出動で稼いだ時間を有効に使って、経済のファンダメンタルズを立て直さなければいけないということです。

浅井　どちらにしても、今の状況では金利が上がればおしまいですよね。

石破　経済が良くなった結果として物価や金利が上昇するのはいいのです。そうなるようにあらゆる努力をして、財政をコントロールできる状態に持っていくということです。

浅井　株価も、私は来年（二〇一九年）再来年（二〇二〇年）には変調を来たすように思います。

私の知り合いに川上明さんというカギ足を使ったチャートの専門家がいるのですが、川上さんが言うには二〇二〇年くらいになると日本国債は本当に危ない局面に差し掛かると。つまり、暴落してもおかしくはないと言うのです。

石破　そのリスクをどれだけ低減できるかが政府の責任ということでしょう。

このこともあちらこちらで申し上げているのですが、日本の人口は、このまま何もしなければ、あと八二年経つと五二〇〇万人に減ると言われています。二〇〇年経ったら一九九一万人。三〇〇年後は四二三万人です。これが内政における一番の課題だと私は思っています。

浅井　やはり、かなりの改革をやらなければなりませんね。この一〇年以内に。

石破　そうですね。誰が総理になっても、相当の覚悟で取り組まないとなりません。安倍首相は総決算として自衛隊を憲法に明記することを目指していると言われていますが、自衛隊を憲法に明記したところで、実質は何も変わらないと思います。

浅井　そこは私も非常に疑問を持っていました。石破さんが日頃から言っているように、九条の二項を削除して国防軍を明記しない限り現状とさほど変わらず、結局のところ自衛隊はあまり動けないのではないでしょうか？

石破　そうだと思います。

浅井　石破さんの言っていることはある意味で正論だと思いますが、なかなか政治家や国民も石破さんの話に耳を傾けてくれませんよね。

石破　もし、「国防軍」という言葉が嫌いなのであれば「自衛隊」のままでも良いと思います。ただし、二項を削除してそこに「日本国の独立を守り、国際社会の平和に寄与するため、内閣総理大臣を最高指揮官とする、陸海空の自衛隊を保有する」と書くべきなのです。この文章に何の問題があるのか、私にはわかりません。国の独立を守るのが軍隊で、国民の生命や財産、公の秩序を守るのは警察です。明らかに役割が違うのです。警察は国民が相手であり、それゆえ警察法には常に基本的人権が関わってきます。憲法に明記されている大原則が関わってくるがために、警察法制はポジティブリスト、すなわち、リストに書かれていることのみを行なう、それによって国民の基本的人権を守る、という考え方が採用されています。

しかし、侵されている法益が国家主権であり、それを侵しているのが外国の勢力であった場合、本来は基本的人権という概念が入ってくる余地はありません。だからそういう事態に対処する自衛隊に関する法制はネガティブリスト、つまり国際法で禁じられているこれとこれとこれはダメ、しかしそれ以外は何をしても良い、という書き方にしないといけないのです。そうでないと、想像していなかった事態における対処に迷うことになる。慌てて防衛実務小六法を読んで、「書いてないからできない」ということになりかねないのです。海外の軍隊は、ほとんどがネガティブリストで規定されています。

ではなぜ、自衛隊法がポジティブリストになっているかというと、警察予備隊の構成を引きずっているからですね。先ほども言いましたように、警察は国民の基本的人権に関わってくるためポジティブリストになるのは当然です。しかし、自衛隊の役割は外国勢力による国家主権の侵害に対処することですので、基本的人権が入る余地はありません。仮に外国に占領されたら基本的人権など木っ端微塵になるからです。しかし、この話を何度してもなかなかわかってもらえません。

浅井　何かコト（有事）が起こらないとこの国は変わらないのかもしれませんね。

石破　それは本来であればあってはならないことですが。

浅井　私は、安全保障の問題も財政の問題も二〇二〇年代には矛盾が噴出するように思います。そうしたら日本は変わるのではないでしょうか？

石破　これは本当かどうかは知りませんが、吉田満さんが書いた『戦艦大和ノ最期』（講談社刊）の中に、特攻に赴く海軍士官たちが「日本は一度、滅びて新しくなるのだ。そのために俺たちは死にに行くのだ」という場面が出てきます。しかし、あれからもう七〇年が経って、結局のところ我々は一体何を学んだのかというと、よくわかりません。

学校の歴史の授業では、明治維新以降のことをほとんど学びません。学ぶとしても大正デモクラシーくらいまででしょうか。日中戦争なんてほとんど教わりませんし、ましてや真珠湾攻撃などまったく教わりません。しかし、我々が学ぶべきは縄文式土器と弥生式土器の違いではなく、七九四年に平安京ができたことでもありません。明治維新以降の歴史を徹底的に学ぶことの方が、国際社会においてはよほど大切だと感じます。私は、二・二六事件や五・一五事件よりも後のことこそが極めて大事だと考えています。

私が防衛庁長官を拝命していた頃、自衛官に、「皆さんはよく『与えられた装備と権限で全力を尽くして戦います』と言いますが、そんなことは私の前では言わないで下さい」と言っていました。どの装備が足りなくて、どの権限が足りないのか、そういうことは自衛官でないとわかりません。私がいくらマニアでオタクであったとしても、実際に命を賭けて戦闘機や戦車に乗ったことはありません。現場で実際に戦う人たちが「こんな装備ではやっていられません。こんな権限では動けません」と政治の側に言わなければ、本来の文民統制は成り立ちません。

それを言うのが自衛官の権利であり義務だと、今でも私は思っています。

二・二六事件の時に陸軍幼年学校の校長であった阿南惟幾《あなみこれちか》は、二・二六事件（決起）は正しかったという生徒が大勢いたのに対し一喝して、「農民の救済を唱え、政治の改革を叫ばんとする者は、まず軍服を脱ぎ、しかる後に行なえ」と言ったそうです。すなわち、軍人は政治に関わるべきでないと言ったのですね。なぜ二・二六事件は起き、五・一五事件が起き、太平洋戦争中の軍法会議はおかしくなったかということを、我々は日本人としてきちんと検証して来なかった。ために、軍に関しては完全にブラインドがかかってしまったのだと思います。

浅井　この本をきっかけに議論が高まって欲しいです。

石破　そうあってほしいと思います。

浅井　幕末にペリーが来ましたよね？　それで太平の世が終わりを告げました。しかし今回、北朝鮮がミサイル実験を繰り返してもペリー来航ほどの衝撃を日本人は受けていません。尖閣諸島が盗られてみて、初めて気付くかもしれませんね。

石破　どうでしょうか。次は（中国は）沖縄にやってきますからね。

浅井　そうなるでしょうね。

石破　たとえば沖縄で少女が米軍人に暴行された時、若い女性が殺害された時、沖縄の人は当然に激昂します。しかし、それに比べて本土の人はどうしても無関心になりがちです。普段から積極的に沖縄の怒りや苦しみを共有しようという姿勢はあまりないように思います。これは恐ろしいことだと思います。

そもそも日米安全保障条約が非対称な条約なのですから、そのもとで結ばれた日米地位協定は平等ではない。その被害を恒常的に受けているのが沖縄で、そのことに関心を示さない本土の人たちは一体どういうことなのかと。沖縄の人たちの「どうして日本政府は俺たちの気持ちをわかってくれないのか」という隙間に中国が入り込んできたらどうするのだろう、と私は思うのです。

浅井　おっしゃる通りですね。明治政府は不平等条約を解消するのに一生懸命でしたよね。

石破　旧安保条約から新条約にする時も一生懸命だったと思います。現在の日本ではすぐに、国家対市民という構図が作られがちです。二項対立ですね。

しかし、市民の言論の自由とか、出版の自由とか、信教の自由といった権利を守ることができるのは国家だけなのです。その意味では、国家と市民は決して二項対立の関係には立ちません。そのことに対する理解も、もう少し進むといいなと思っています。

浅井　石破さん、今日は本当にありがとうございました。私は、石破さんが首相になる日がやってくると思っています。

石破　こちらこそ、ありがとうございました。

第二章　イスラエルと日本、どちらが危険か

戦に勝てるかどうかと兵力は、必ずしも比例しない。
比例するかそうでないかは戦術、つまり自身にかかっているのだ。

（織田信長）

日本の地震、イスラエルのミサイル

「日本国民が地震の可能性を認識しなければならないのと同様に、イスラエル国民はミサイル攻撃に備える必要がある」（ロイター二〇一二年八月一六日付）——これは、イスラエルのマタン・ビルナイ民間防衛担当相（当時）が二〇一二年八月に同国紙マーリブとのインタビューで語ったものだ。

日本で地震が頻発するように、イスラエルは絶えず他国からのミサイル攻撃に晒されている。とりわけインタビュー当時は、イランの核開発を阻止するためのイスラエルによる先制攻撃が取り沙汰された時期であった。

先制攻撃を実施すれば、自ずとイランは報復に出る。ビルナイ氏はイランと戦闘になれば、一日に数百発のミサイルがイスラエルに着弾し、それが三〇日間程度は続くことを想定しているとし、インタビューに対し防衛体制のさらなる向上を誓ったのであった。

その誓いは決して言葉だけでなく、実践されている。イスラエル政府は当時、空襲警報メールのシステムを刷新し、ガスマスクの供給を拡大させ、さらには民間防衛担当相を新たに任命するなど、防衛体制の強化を急いだ。

結果的にイスラエルとイランの交戦は回避された格好だが、同国からすれば現在でもイランの脅威は去っていない。むしろ、急速に拡大していると言える。

これは仮定の話だが、もし北朝鮮が平和裏にあるいは暴力的に韓国を攻略し（すなわち在韓米軍を撤退させ）、日本（西側同盟）の防衛ラインが北緯三八度線から三四度線（対馬海峡）まで南下したとすれば、私たち日本人はどうなるだろうか？　まさに恐ろしい話であり、決して現実化してほしくないが、イランと対峙するイスラエル（それにサウジアラビア）にとっては、まさにその悪夢のシナリオが現実のものになろうとしている。

イスラエルを取り巻く地政学的な環境については後の項で改めて述べるが、簡潔に言うと、イラクとシリアの内戦によってイスラエルとサウジアラビアはイランに対するバッファー（緩衝地帯）を失いつつあるのだ。二〇一八年四月時点でイランはシリア国内に三六ヵ所もの拠点を築いており（同国は否定しているが）、その中には軍事的な意味合いを持つ地域も少なくないと見られている。イランは、はるか以前から敵視するイスラエルとサウジアラビアに届く弾道ミサイルの発射実験を繰り返してきたが、それでもイラクとシリアという緩衝地帯の存在はイスラエルやサウジにそれなりの安心感を提供していた。

その緩衝地帯が、失われつつある。イスラム国がシリア領内を跋扈していた数年前までなら考えられなかった事態だ。イスラエルの危機感は計り知れない。

イスラエルのベンヤミン・ネタニヤフ首相が率いる右派政党リクードのシャレン・ハスケル議員はこう危機感を募らせる——「ＩＳ（イスラム国）が撤退しつつあるすべての場所を、イランが掌握しようとしている」（米ウォールストリート・ジャーナル二〇一七年一一月一一日付）。

当面のイランの目標は、自身の影響下にある組織と協力して確固たる対イスラエル包囲網を築くことだ。実際、イスラエルはレバノンと接する北方の国境でイランが後ろ盾となっているヒズボラと対峙している。このヒズボラは、一九七五～九〇年のレバノン内戦でほぼ打撃を受けずに勢力を強めた唯一の組織だ。「米ウォールストリート・ジャーナル」（二〇一七年二月二八日付）は、「中東で最も手ごわい武装組織の一つ」と評する。

ヒズボラは、シリア内戦にも積極的に参加し、得難い実戦経験を積んだ上にイランやシリア政府、そしてロシアから大量の強力な武器の提供を受けた。着実に実力を強化している。米軍事情報サイト「We are the Mighty」は二〇一六年六月、「今後四年以内に起こり得る一〇の大規模軍事衝突」を列挙し、その一つとしてイスラエル対ヒズボラを挙げた。イスラエルにとってヒズボラと向き合うだけでも大変な状況だが、これからはシリアとの国境でも中東の盟主であるイランと直接的に対峙しなければならなくなる可能性が高い。

日本も軍事的リスクを抱える時代に

翻って日本の状況だが、冒頭のビルナイ氏が語ったように、日本人は地震大国に生きているだけあって基本的に防災への意識が高い。民間の調査機関が実施したアンケートによると、およそ八割もの人が「大災害に対して備えをしている」と答えている。また近年では東日本大震災などの大きな災害が続いていることもあり、食料品などの備蓄に対する意識もより向上したようだ。しかし、これが防衛のこととなると、リスクを意識していない人が圧倒的に多くなる。

シェルターの設置率を見れば一目瞭然だ。主要国の人口あたりのシェルター普及率は、シンガポール五四％、英国六七％、ロシア七八％、米国八二％、ノルウェー九八％、イスラエル一〇〇％、スイス一〇〇％となっている。これに対し、日本の人口あたりのシェルター普及率はたったの〇・〇二％だ。前述した国の他にも、たとえばドイツ、スウェーデン、フィンランド、中国、韓国、北朝鮮といった国のシェルター普及率は日本のそれを優に上回っている。

もちろん、シェルターの普及率が低いからと言って、一概に日本の防衛意識が低いと断定できるものではない。そもそも戦後に限れば日本の本土が直接的に攻撃された試しはなく、同期間においては軍事的な脅威よりも明らかに災害の脅威の方が上回っていた。こうした事実を省みると、軍事的な攻撃に対するシェルターは必要ないという意見にも分があるように思える。

しかし、日本の周辺環境は刻一刻と変化しており、脅威は減じることなく増す一方だ。今後も今までのように軍事的な脅威を無視できるかというと、決してそうではないだろう。私は以下の理由から、災害リスクの高止まりに加えて軍事的なリスクを意識せざるを得ない時代に突入すると考えている。

一、米国の世界の警察官としての役割の縮小
一、それに伴う西側同盟の分断（弱体化）
一、中国の軍事的な台頭
一、引き続き存在するロシアの脅威
一、北朝鮮の核武装化
一、それに伴う新たな核拡散の時代が到来する恐れ

向こう五〇年を勘案した場合、率直に言って、日本の周辺で大規模な衝突が起こることも否定できない。日本が当事者となる衝突だって起こり得る。

二〇一五年に米バリュー・ウォークが五〇人の専門家を招いて各国の戦争リスクに関する研究を行なったのだが、専門家たちは以下の順で今後二〇年以内に衝突が起こる可能性が高いと導き出した。インド対パキスタン、米国もしくはイスラエル対イラン、北大西洋条約機構（ＮＡＴＯ）対ロシア、そして日本と中国、米国と中国、米国とロシアとなっている。

米中戦争よりも日中戦争の可能性の方が高いと専門家たちが導き出した点は興味深い。おそらく、ほとんどの日本人は日米安保第五条（第五条には、日本国の施政の下にある領域での武力攻撃について、日本と米国が共通の危険に対処するように行動することを宣言すると明記されており、米国の集団的自衛権を行使しての対日防衛義務を負っているという根拠となっている）の存在もあり、実際に日中間で戦争が起こる可能性は低いと考えていることだろう。

しかし、アジアにおける米国のプレゼンスが相対的に低下しつつある状況下、戦争は絶対に起こらない、などと高を括るのは危険だ。

二〇一四年一月三〇日付の「米ボイス・オブ・アメリカ」（電子版）は、「米国の存在が日中戦争の勃発を辛うじて防いでいる、と米専門家の間では認識されている」との論評を掲載している。この論評は大げさな表現ではあるものの、完全に否定できるものでもない。日本から米軍が撤退すれば、その隙を見計らって中国が軍事侵攻してくると予想する者もいる。実際のところは、仮に米国の庇護がなくなったとしても、中国が日本へ即座に武力攻撃を仕掛けることは考えづらい。しかし一方で、中国が日本を敵視していることも事実だ。

米国防省の相対評価局の報告書を基に報じた「米ワシントン・フリー・ビーコン」(二〇一六年一〇月七日付)の記事によると、中国は現状でも日本に核攻撃をかけて死者三四〇〇万人の被害を与える能力を有しているという。「相対評価局」とは、国防長官に直結する研究調査機関で米国にとって一〇年以上の単位で長期的な脅威となり得る諸外国の軍事動向や、同盟国を含む米国側陣営に対する脅威への対応策を研究することを主任務とする組織だ。この死者数は、日本の総人口の二七%におよび、相対評価局は仮にこうしたことが起これば日本は国家絶滅の危機に瀕することとなると断じる。

これほどの能力を持ち、日本を敵対視する国家が隣に存在するのだ。身構えるのは当然のことだと思うが、やはり日本人は危機感に乏しい。過去の傾向から核戦争それ自体の起こる可能性は限りなく低いが、可能性がゼロでない以上、多くの国家が核戦争への備えを浸透させつつある。

前述したようなシェルターを普及させている国々は、その代表的な存在だ。各国は、先の広島に教訓を見出しているという。一九四五年八月六日に米軍が原子力爆弾を無残にも投下した際、グラウンド・ゼロ（投下地点）から三〇〇メートル離れた広島銀行では偶然にも地下金庫にいた者が助かった。これを教訓とし、その後の冷戦をきっかけとして地下シェルターの拡充に努めている。

これらの国と比較した場合、日本は国防への意識が段違いに低い。申し訳ないが、そう断言せざるを得ない。仮にシェルターの普及率を無視したとしても、そういえる。そもそも論として、我が国は〝自分の国は自分で守る〟という基本的な認識が欠落している。

これは戦後、安全保障の大部分を米国に依存した（そして経済の発展に没頭した）ことと無関係ではあるまい。地震（災害）に対する意識が極めて高い日本人が、国防のことになると途端に他人事のようになるのは奇妙である。おそらく、ほとんどの日本人が戦争を現実の脅威として認識していないのだろう。

しかし、日本を除く諸外国の多くにとって、戦争はまさに〝今そこにある危機〟なのだ。そこで、今現在も戦争の脅威に晒されているイスラエルの状況をより詳細に見てみたい。まずは、同国の歴史から簡単に紐解いて行こう。

イスラエルの歴史は〝戦〟の歴史

イスラエルは、一九四八年五月一四日の独立宣言によって晴れて建国されたのだが、その経緯を含めて同国の歴史を簡単におさらいしたい。

四〇〇〇年の歴史を持ち、後半の二〇〇〇年間は放浪の旅を続けてきたと言われるユダヤ人だが、このユダヤ人とは人種のことではなく宗教的な民族集団を指す。ユダヤ教の信者（宗教集団）、あるいはユダヤ人を親に持つ者こそがユダヤ人なのだ。だから一口にユダヤ人と言っても、それは国籍、言語、人種の枠を超えたものなのである。

欧州では古くから、一部のキリスト教徒たちがユダヤ人に対して差別的な感情を抱いてきた。実際に欧州では、近代までユダヤ人は動物と同等だという認識が浸透していたのである。そしてこのことが第二次世界大戦におけるナチス政権のホロコースト（大虐殺）を起こす遠因となった。

ナチスの迫害から逃れた人たちは、自分たちの国を持つことを考える。そして、英国の統治下であったパレスチナを目指したのであった。なぜパレスチナかというと、それは第一次世界大戦中の一九一七年に英国がシオニズム（イスラエルの地とされるパレスチナにユダヤ人の国家を再建すること）を支持したことに由来する。これは「バルフォア宣言」と呼ばれ、英国政府はパレスチナにユダヤ人の居住地を建設することに賛同し、支援を約束したのであった。しかし、そのパレスチナには多くのアラブ人がすでに住んでおり、対立が激化することになる。英国は実は、バルフォア宣言から遡ること一年前にアラブ諸国に対してもオスマン帝国領における独立を承認していた（サイクス・ピコ協定）。ユダヤとアラブの対立が激化する一方であった一九四七年、国連ではパレスチナを国連管理地区、ユダヤ国家、アラブ国家の三つに分割する案が採択される。この決定をユダヤ側は受け入れたのだが、アラブ側は拒否。ところが英国の統治が終了した一九四八年五月一四日、イスラエルが一方的に建国を宣言した。すると、激怒したアラブ側がその翌日にイスラエルへの侵攻を開始する。俗に言う、第一中東戦争の勃発だ。当初はイスラエル側の不利が指摘されたが、イスラエルが劇的な勝利を収め、国連分割案よりも広い領土を獲得、結果的に西エルサレムを支配下に収めたのである（東エルサレムはヨルダンが占領）。この時、現代まで問題が続く大量のパレスチナ難民が発生した。

ここから長期にわたるユダヤとアラブにおける泥仕合が始まる。一九五六年にはスエズ危機（第二次中東戦争。エジプトの一方的なスエズ運河の国有化宣言を契機に、英国とフランスがイスラエルに協力を仰ぐ形でエジプトを攻撃した事件）が発生、これにより西側の中東における勢力の中心が英国とフランスから米露に移行することとなった。

これは余談だが、「英フィナンシャル・タイムズ」は現代史の転換点としてスエズ危機を「大英帝国の落日の象徴」と総括している。というのも、英国はこの時米国からの経済的な圧力に初めて屈する形でエジプト侵攻から退くこととなったのだ。具体的には、経済危機に瀕していた英国が戦費を賄うためにもIMF（国際通貨基金）に支援を求めたのだが、米国がこれを拒否。米国のドワイト・アイゼンハワー大統領は軍をエジプトから撤退させなければ「英国への重要な国際融資を阻止する」（同前）と脅迫し、英国はこれをしぶしぶ受け入れたのである。スエズ危機の翌年（一九五七年）に英国の首相に就任したハロルド・マクミランは、「二〇〇〇年もすれば、あの時、われわれがどう感じたかをアメリカも思い知ることになるだろう」（フォーリン・アフェアーズ・リポート二〇一一年一〇月一〇日号）という米国への恨み節を残した。

この直後、イスラエルを巡りある疑惑が浮上する。一九五八年、米CIA（中央情報局）の高高度スパイ偵察機U2がイスラエル領内に原子炉の疑いのある施設を発見し、イスラエルに核開発の疑惑が突如として浮上したのであった。この施設は、後にフランスとの秘密協定によって建設された原子炉であったということがわかっている。

イスラエルは現在、NPT（核拡散防止条約）には加盟しておらず、核保有を肯定も否定もしていない。海外においてもイスラエルは公式に核保有国と認められていないが、一九五〇～八〇年代前半までにフランスや南アフリカ共和国から協力を受ける形で事実上の核保有国になったというのが通説だ。米国のCIAやDIA（国防情報局）はイスラエルの核開発の確固たる証拠を幾度となく掴んだとされるが、どういうわけか公表された試しはない。

中東では、現在まで米国の友好国であるイスラエルが唯一の核保有国として君臨しており、イスラエルはその核の抑止力を持って中東での生存権を維持していると考えられている。

イスラエルがいつから事実上の核保有国となったかは定かではないが、一部では一九六七年前後にはすでに核を保有していたという見方が有力だ。その根拠は、第三次中東戦争におけるイスラエルによる電撃的な侵攻にある。

スエズ危機が収束して以降、イスラエルとアラブの対立は小康状態となっていたが、パレスチナ解放機構（ＰＬＯ。イスラエル支配下にあるパレスチナの解放を目的とした諸機構の統合機関。現在のパレスチナ自治政府の母体）が結成された一九六四年五月から次第にイスラエル北部のヨルダン川周辺で武力衝突が起きるようになった。それから三年後の一九六七年、エジプトが「イスラエル抹殺」を掲げてシナイ半島へ地上部隊を進出させる。それと同時に第二次中東戦争の停戦監視を請け負っていた国連軍の撤退を要求、そして実際に撤退させた。さらにはシナイ半島の南先端部とアラビア半島の北西部の間にあるチラン海峡を封鎖したことで、エジプト（アラブ）とイスラエル間の緊張は「すわ、戦争か」という状態に至る。

ここで、イスラエルが思わぬ行動に出た。一九六七年六月五日の早朝、電撃的にアラブ諸国（エジプト、シリア、ヨルダン、イラク）の空軍基地を攻撃したのである。これら四ヵ国の空軍は離陸前に壊滅的な被害を受け、イスラエルは瞬く間に制空権を掌握した。制空権を得たイスラエルはシナイ半島、ヨルダン川西岸地区、ゴラン高原に地上軍を派遣し、それぞれの地域でエジプト、ヨルダン、シリアと交戦した。そして、そのいずれの戦いもイスラエルの圧倒的な勝利で終えている。

第三次中東戦争は「六日間戦争」とも呼ばれているのだが、その名の通り、イスラエルと敵対したヨルダン、エジプト、シリアはすべて六日間以内に降伏した。圧倒的な勝利を収めたイスラエルは、エジプトからシナイ半島と地中海沿岸のガザ地区を、ヨルダンからヨルダン川西岸と東エルサレムを、そしてシリアからゴラン高原の大半を奪うことに成功する。結果的にイスラエルは、自国の領土をそれまでの四倍にまで拡大させることとなった。

ちなみに東エルサレムを実効支配して以降、イスラエル当局は国際社会に対してエルサレムを同国の首都と認めるよう働きかけ続けている。国際社会は今もこれを認めていないが、米ドナルド・トランプ政権は二〇一七年一二月、エルサレムをイスラエルの首都と認定した。

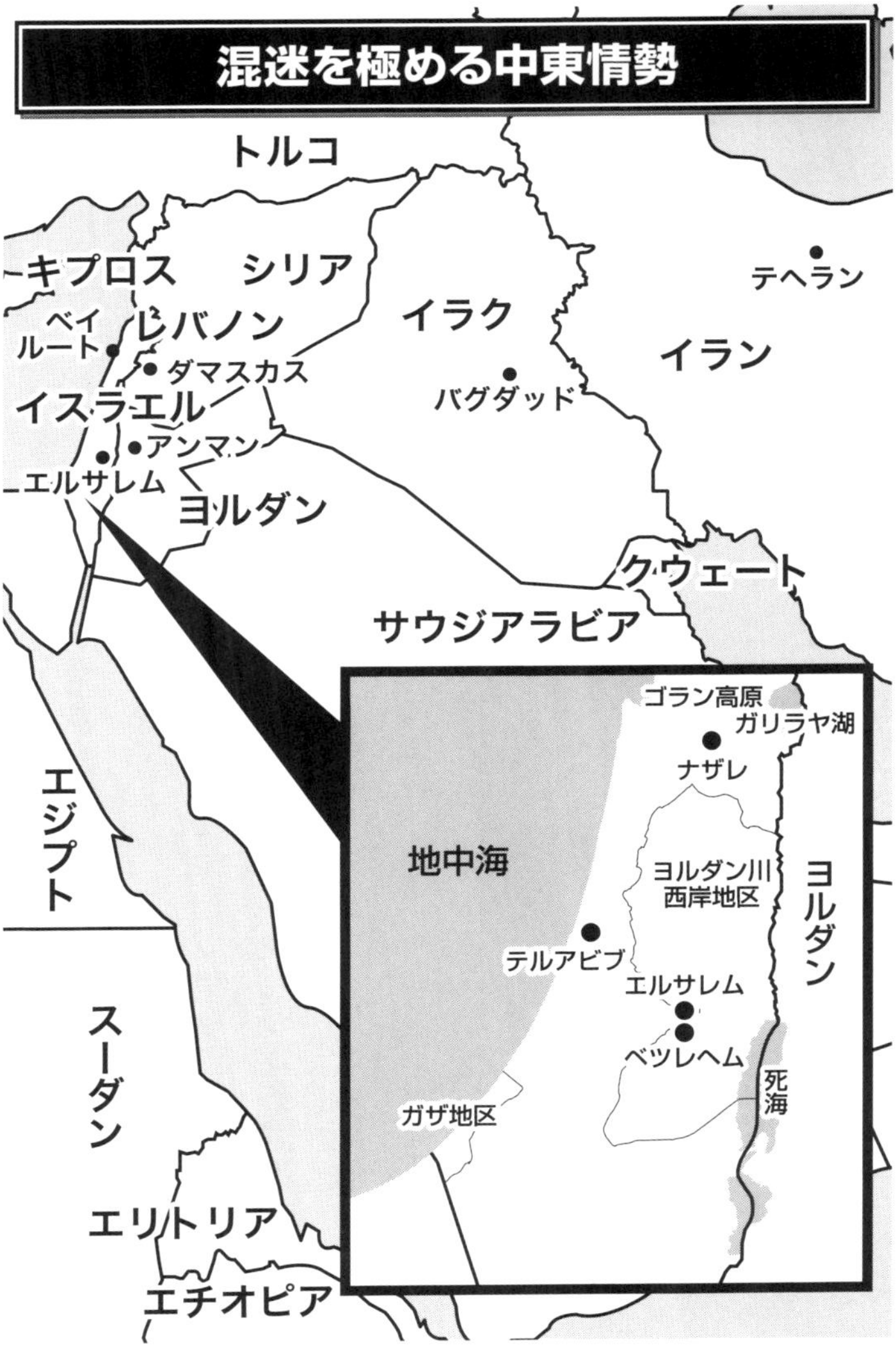
混迷を極める中東情勢
トルコ
キプロス
シリア
テヘラン
イラク
ベイルート
レバノン
ダマスカス
イラン
バグダッド
イスラエル
アンマン
エルサレム
ヨルダン
クウェート
サウジアラビア
ゴラン高原
ガリラヤ湖
ナザレ
エジプト
地中海
ヨルダン川西岸地区
ヨルダン
テルアビブ
エルサレム
ベツレヘム
死海
ガザ地区
スーダン
エリトリア
エチオピア

話をイスラエルの核保有に戻すが、イスラエルが世界の度肝を抜いた電撃的な奇襲を仕掛けられたのは〝核を保有したから〟という見方が一部にある。核を保有したことで自信を付けたことが、電撃的な奇襲につながったというわけだ。

しかし、イスラエルはこの第三次中東戦争で勝利してからアラブの軍事力を軽視するようになったと言われている。実際、アラブ軽視の姿勢は第四次中東戦争（一九七三年）の緒戦における敗北につながった。第四次中東戦争は、領土の奪回を目的としてエジプトとシリアの両軍がイスラエルへ攻撃を仕掛けたことで勃発するのだが、イスラエルは両国を見くびっていたとされ、奇襲を防ぐことができず苦戦を強いられたのである。

結果的に米国の支援を受けてイスラエルは辛勝するのだが、これによりイスラエルの不敗神話が崩壊、健闘したエジプトにシナイ半島を返還することとなった。ちなみに、ここ日本では、第四次中東戦争を第一次オイル・ショックにつながった出来事として記憶している人が多い。

イスラエルはその後、第五次中東戦争とも言われるレバノン内戦（一九七五年～九〇年）に参入していくのだが、このレバノン内戦の最中にイスラエルにとって深刻な脅威が誕生する。中東で最強との呼び声が高い武装組織、ヒズボラだ。ヒズボラはレバノン内戦の最中である一九八二年に誕生するのだが、ヒズボラの話をする前に当時のイランの事情について簡単に説明したい。

一九七九年、イスラエルを揺るがすとんでもない事件が起こる。ご存じのように、イランでパーレビ王朝が倒れたのだ。俗に言う、イラン・イスラム革命である。革命によってイスラム教の強硬派であるアーヤトッラー・ルーホッラー・ホメイニ師が統治するようになったイランは、それまでの親米路線を完全に転換、むしろ中東における反米の雄という存在に変わった。

今となっては想像すらできないが、パーレビ王朝の頃のイランとイスラエル、そして米国は安全保障に関して協力関係にあったのである。現在でもイランのテロ対策は世界的に有名だが、その大部分は米ＣＩＡとイスラエルの諜報機関（モサド）の支援によって築かれたのだ。そうした過去の関係があったからこそ（モサドの実情を知っているため）、イスラエルはイランをもっとも警戒しているとも言われている。

革命以降のイランは、常にイスラエルの排除を訴えるようになった。イランはイスラエルを「イスラム教の支配地域を違法に占拠する者」と位置づけており、同国の存在権を否定している。イスラエルを地図上から消し去る、とイランの指導者が口にすることもしばしばだ。両者の対立は収まるばかりか、激化の一途を辿っている。

ここでヒズボラの話に戻るが、レバノン内戦の最中に反米・反イスラエルに転換したイランに陶酔して結成されたのがヒズボラだ。イランと同じくイスラム教シーア派のヒズボラの指導部は、イラン革命を主導したホメイニ師から薫陶を受け、さらにはイランの革命防衛隊から訓練を受けて一九八二年にヒズボラを結成する。

ヒズボラの目的は、アラブでは唯一のキリスト教国家であるレバノンでイラン型のイスラム共和制を樹立することであった。ちなみに、レバノン内戦とは国内のキリスト教徒とアラブ人（主にパレスチナ解放機構）の間で起こった内戦である。この内戦に、イスラエルとシリアが参戦した。そして、レバノンから非イスラムの排除を目指すヒズボラは、その前段階として内戦に参加してきたイスラエルの殲滅を掲げたのである。

ヒズボラは、長期にわたるレバノン内戦における唯一の勝者と言ってよい。内戦ではほぼ打撃を受けず、一九八〇年代後半から本格的に勢力を拡大させ、レバノン南部で独自の政権を樹立させている。イスラエルは内戦中にレバノン南部を占領したのだが、レバノンの攻勢を受けて二〇〇〇年に同地から撤退した。イスラエルが撤退した後もヒズボラは同国への攻撃を継続させており、二〇〇六年にはレバノンへの再侵攻を図ったイスラエルをゲリラ部隊で応酬、こう着の末、停戦合意に持ち込んでいる。この戦闘は実質的にヒズボラが勝利したと言えるが、四度にわたる中東戦争でも負けなかったイスラエルが敗戦を喫したのは、この時が初めてだ。

この停戦合意は現在まで続いているが、イスラエルとヒズボラが再び直接的に衝突すると懸念する声は多い。前述したように米軍事情報サイト「We are the

Mighty」は二〇一六年六月、「今後四年以内に起こり得る一〇の大規模軍事衝突」を列挙し、その一つとしてイスラエル対ヒズボラを挙げていた。しかも、ヒズボラは先のシリア内戦でイランとロシアの支援を受けて勢力をさらに拡大させている。自信を付けたヒズボラが、近いうちにイスラエルへ侵攻したとしても何ら不思議ではない。

イスラエル最大の敵――イラン

さて、ここまでイスラエルの歴史を簡単に振り返ってきたが、中東問題とは、自分たちの国を持たないユダヤ人が中東地域にイスラエルを建国したことをきっかけとして、元々そこに住んでいたアラブ人が立ち退きを迫られているという構図であり、それが現在まで続いているというわけだ。

イスラエルは周辺アラブ国の核保有を一切認めておらず、周辺アラブ国が核を保有しようとすれば、イスラエルは軍事力を持ってして容赦なくそれを阻止

第４次中東戦争時、シリア領へ進撃するイスラエル軍戦車。今やイスラエル最大の敵はイランである。（写真提供：AFP＝時事）

してきた。一九八一年には、イラクのフセイン政権（当時）が建設していた原子炉を空爆、二〇〇七年にはシリアの核関連施設を破壊している。

中東で唯一の核保有国であるイスラエルは、核戦力以外の能力も恒常的に拡充させており、それゆえエジプトやシリアといった伝統的にイスラエルと対立してきたアラブ諸国が同国へ戦争を仕掛けることはもはや難しい。そもそもエジプトやシリアは内政がガタガタであり、イスラエルとの戦争どころではない。イスラエルとアラブ諸国の力の差は、開く一方なのだ。

しかし、イスラエルの将来が安泰だとは決して言えない。ほとんどのアラブ諸国が疲弊している現在、イスラエルの脅威はイランの一点に集約される。大規模な戦争が起こるとすれば、それはレバノン国境（ヒズボラ戦線）かシリアとの国境付近（イラン戦線）のどちらかだ。

最大の難敵であるイランは、二〇〇〇年代に入ってから核開発の疑惑が持たれ続けているが、米トランプ政権が先の核合意を破棄した結果、イランが核開発を急ぐ可能性も否定できない。北朝鮮がイランに核の技術を提供する、とも囁かれている。イスラエルはイランの核保有は自国の消滅につながるとし、再三にわたって先制的な攻撃も辞さないと表明してきた。その過程では、確実に戦争が起こる。そうでなくともイランの対イスラエル包囲網は着実に進展している。そこで、続いてイスラエルの安全保障の〝今〟を見ていきたい。

契機は湾岸戦争、徹底されるイスラエルの国民保護

一九九一年の湾岸戦争の際、イスラエルには六週間で約四〇発の弾道ミサイルがイラクから降り注いだ。それにより、六〇〇〇以上の家屋が破壊、一三〇〇棟のビルが被災したが、人的被害は死者二名・負傷者二〇〇名に留まっている。なぜか？　それは、イスラエルでは国民保護が徹底されているからに他ならない。イスラエル政府は、湾岸戦争の際に国民保護の一環として以下の対応を取っている。

・緊急事態宣言の発令

・警報の発令。米軍の早期警戒情報に基づき、イスラエル政府はサイレン、テレビ、ラジオを通じて全土に警報を発令

・住民への指示。全土に、厳しい灯火管制と外出制限、特に夜間は外出を制限するよう指示。また室内を可能な限り外気から遮断するために、部屋の窓や扉の隙間にシールを貼るよう勧告。警報を受けた国民は、密室性の高い部屋かシェルターに避難し、ガスマスクを着用するよう勧告（ガスマスクは政府が全国民へ配布）。学校は二週間、輸送・交通機関などは四日間の停止。電気、水道、電話などのライフラインは継続

湾岸戦争の時点で各家庭にシェルターの設置が義務付けられていたわけではないが、多くの国民は浴室を密閉してシェルターにしたようだ。湾岸戦争を契機としてイスラエルはシェルターの設置を義務化したため、現在のイスラエルにおける人口当たりのシェルター普及率は一〇〇％となっている。

二〇〇六年にレバノン南部でヒズボラと衝突した際は、イスラエルは三五〇〇発ものロケットを被弾した。ただし、被弾した地域が北部に集中していた点

や今回も国民保護が徹底されたおかげで、人的な被害（民間人に限る）は死者四三名・負傷者二六七五名となっている。負傷者は湾岸戦争の時より格段に多いが、その大半（一九八五名）は精神的な被害であった。

なぜここまで精神的な被害が多発したかというと、最北部の住民に限っては「自宅のシェルターに留まること」を指示されたためだ。ヒズボラがイスラエル最北部に乱発したカチューシャ・ロケット（射程三〇キロ）は平均二〇～三〇秒でイスラエル側に着弾するため、軍は最北部に限りシェルターに閉じこもるよう指示したのである。季節が夏ということもあり、住民は長期間にわたる苦しいシェルター生活を余儀なくされたのだ。狭い空間に閉じ込められれば、精神に障害を来たす人も出るであろう。

ところで、第二次レバノン内戦（対ヒズボラ戦）ではイスラエルの民間防衛軍の活躍が目立った。先の湾岸戦争の戦訓から結成されたイスラエルの民間防衛軍は、イスラエル国防軍の方面軍の一つとして組織されたものであり、主な任務は戦争や災害を問わず救難捜索活動である。そして第二次レバノン内戦の際に警報の発令を担ったのが、この「民間防衛軍」であった。

民間防衛軍は、防衛を主任務としているため、平素から国民に防衛に関する冊子を配布している。主な記載内容は以下の通り。

■サイレンを聞いた場合の対応
・緊急サイレンであることの確認
・火気類等の使用禁止
・窓やドアの閉鎖
・防護スペースへの移動
・テープ類による隙間の封鎖
・ガスマスクの装着
・ラジオまたはテレビの聴取

■シェルターがない場合の防護スペースの確保の方策
・部屋の選択：適度の広さを有し、外壁との接点が可能な限り少ない、一つのドアと窓しかない、爆風に弱い大きな窓のない、という条件を満たす部

屋を選択
・窓の補強、密封：一定の厚みのプラスチックの粘着シート等により窓の補強や密封を行ない、防護を強化
・ドアの密閉：隙間や鍵穴にテープを貼り付け、ドアと床の隙間に濡れたタオルを敷く
※この他、冊子には緊急時における子供の取り扱い方や防護スペースの管理事項、ガスマスクの取り扱い方などが記されている。

イスラエルがここまで戦争への備えを徹底するようになった直接的なきっかけは、湾岸戦争にあった。イスラエルは、それまでも幾度となく戦火をくぐってきたが、意外にも市民生活に支障を来たす事態はほとんど経験してこなかったのである。しかし湾岸戦争では、イラクのスカッド・ミサイルによって市民生活が真に脅かされた。だからこそ、イスラエルは湾岸戦争を契機として民間防衛軍の設立やシェルター設置の義務化を決定したのである。そして、今も脅威は増す一方なのだ。

イスラエルVSイラン――軍事力

「ヒズボラはロケットを少なくとも一三万発持っており、エイラートを含めイスラエルのあらゆる都市を攻撃する能力がある。ヒズボラとイランがこうした軍事能力を増強しているのは、そうした武器の保有のためではなく、いつかそれらを使うためだという想定に基づいてわれわれは活動しなければならない。彼らがそうした武器を溜め込んでいるのは、すべてイスラエルに対抗するためだ」（二〇一七年一一月一七日付米ウォールストリート・ジャーナル）――イスラエルの首相府副大臣のマイケル・オレン氏はこう危機感を募らせる。

事実、イスラエルとの将来的な衝突が取り沙汰されているヒズボラの実力は侮れない。二〇一六年の段階でヒズボラの正規軍は二万人、予備役は二万五〇〇〇人おり、中規模国家並みの規模を誇っている。これがシリア内戦でさらに増えた見込みだ。またイスラエル当局の見立てでは、ヒズボラは少なくとも一三万発ものロケット弾を有しており、これはEUのほとんどの国の保有数よりも多い。ヒズボラの後ろ盾であるイランの軍事力も相当なものだ。人口八二〇〇万人のイランの兵員数は約五三万四〇〇〇人で、さらに予備役が四〇万人と中東では最大の兵力を誇る。イランの軍事力の特徴は、なんと言っても弾道ミサイルだ。イランは宿敵であるイスラエルやサウジアラビアを容易に攻撃できる弾道ミサイルを大量に保有しており、その改良にも余念がない。

たとえば、二〇一七年九月二二日の軍事パレードでお披露目されたホラムシャハルの射程は二〇〇〇キロとされ、多弾頭型だ。イランの弾道ミサイルは精度も高いと言われており、二〇一五年には革命防衛隊の軍事演習がテレビで放映され、米航空母艦の模造品が破壊される様子が収められている。また、防空システムに関しては二〇一六年にロシアから地対空ミサイル・システムのS300を購入しており、S300の射程は一六〇キロ以上もあるためイスラエルの最新鋭機にも十分に対抗できるはずだ。

では、イランの核に関してはどうか。イランの核開発は現時点でこそ一時的に中断していると考えられるが、米シンクタンク大西洋協議会の核不拡散専門であるマシュー・クローニング氏は、イランと六ヵ国（米国、英国、ドイツ、フランス、ロシア、中国）で結ばれた核合意が完全に破綻すれば、そこから一年後に核弾頭一発を作ることが可能だと指摘する。「合意が崩壊したその日から、イランが兵器級の核爆弾一発分の高濃縮ウランを製造するには最速で一二カ月だ。フル稼働すれば、ちょうど一年で最初の一発分の原料が手に入る」（二〇一八年五月一〇日付米ニューズウィーク電子版）。核を持っていなくとも、イラン革命防衛隊の海軍は原油輸送の要衝であるホルムズ海峡を封鎖する力を有しているとされるが、米国はホルムズ海峡の封鎖を「超えてはならない一線」（レッドライン）としており、仮にそのような事態が生じれば、バーレーンに司令部を置く米海軍第五艦隊が対処に動く可能性が高い。

イスラエルは核を持っており、イランは通常兵器においてもイスラエルや米国などに勝てないとの見方が有力だが、イスラエルの先制攻撃が取り沙汰された二〇一二年に実施された米軍のシミュレーションでは、対イラン戦が決して容易には片付かないであろうことが判明している。

米軍のインターナル・ルック（軍事模擬演習。今回の場合はイスラエルがイランの核関連施設に軍事攻撃を行なった後の影響および米軍の対応能力を評価するもの）を基に報じた「米ニューヨークタイムズ紙」（二〇一二年三月一九日付）によると、「イスラエルが武力行使に出た場合、米国は兵士数百人の犠牲を免れず、より広範囲の地域戦争も勃発する可能性があること」が判明したという。それゆえ、有識者の中にはホルムズ海戦が第三次世界大戦を誘発すると警鐘を鳴らす者も少なくない。

では、こうしたイランの脅威に対してイスラエルの安全保障はどうなっているのだろう？　イスラエルの人口はイランのおよそ一〇分の一（約八五〇万人）だが、兵員数は約一七万人、予備役は四四万五〇〇〇人もいる。一八歳以上の国民が徴兵制の対象だ。前述したように、イスラエルの歴史はアラブ諸国との〝戦いの歴史〟であり、戦力を常に増強してきたことから、現在では世界有数の軍事力を誇る。そして、イスラエルの国防を語る上で欠かせない存在が、装備も訓練の質も世界トップレベルと言われている空軍だ。イスラエル空軍は約二五〇の戦闘機を保有し、その中には最新鋭のステルス機「F35ライトニング2」も含まれている。

対するイラン空軍の装備は正直言って〝お飾り程度〟のものでしかなく、一六〇の戦闘機を保有しているもののそれらは全体的に古く、操縦士の技術もイスラエルに比べると圧倒的に低い。二〇一三年には純国産のステルス機「ガーヘル313」がお披露目されたが、技術的にも疑わしい点が多く、イラン空軍に対する評価は低いものばかりである。

イスラエルVSイラン——諜報活動

イスラエルとイランを比較した場合、興味深いのはどちらも優秀な対外特殊部隊を有しているという点だ。

まずイスラエルだが、こちらは世界的にも有名な「モサド」（イスラエル諜報特務庁）だ。米ＣＩＡよりも優秀と称されることも少なくないモサドは、首相府が管轄し「イスラエル・インテリジェンス・コミュニティ」の一角を担う、対外諜報活動や特務工作をこなす組織である。イスラエル・インテリジェンス・コミュニティとは「モサド」「シャバック」（イスラエル総保安庁）「ママッド」（イスラエル政治調査センター）「アマーン」（イスラエル参謀本部諜報局）「イスラエル警察捜査諜報局」それに「イスラエル空軍諜報部」からなる情報共有体制のことで、国家と国民の安全保障に関わるありとあらゆる情報を共有し、外国との接触や調整を図る集合体だ。

その中でも、モサドの存在が世界的に有名と言える。なぜなら、モサドは日常の情報収集に加え、秘密任務、対テロ対策、逃亡している元ドイツ戦犯の捜索などを主な任務としているため、世界的なニュースにモサドの関与が取り沙汰されることが少なくないからだ。たとえば、イランの核開発に関するニュースが世界を駆け巡った二〇一二年と前後して、イランの科学者が殺害されるという事件が相次いで発生したのだが、そのすべてにモサドの関与が取り沙汰されている。

モサドに関しては不明な点や多く、都市伝説のような話もあるため詳細を掴むのが容易ではないが、敵性国家に囲まれたイスラエルが諜報に注力しているのは紛れもない事実であるはずだ。また、諜報に力を入れる米国や英国も、公的な組織としてイスラエルのようなインテリジェンス・コミュニティを有している。というより、イスラエルが米英のそれを参考としたのだ。

イスラエルの高い諜報能力は、思わぬ副産物を生んでいる。というのもモサドに代表されるイスラエルの諜報部隊はサイバー分野でも世界トップクラスの実力を有していると言われており、中でも「八二〇〇」と呼ばれる部隊は二〇一一年にイランの核開発施設に「スタックスネット」と呼ばれるウイルスを侵入させ遠心分離機を破壊したことでも有名だ。そしてこの八二〇〇部隊の出身者が現在、イスラエルで数多くのスタートアップ（新興）企業を誕生させている。

日本ではあまり知られていないが、イスラエル（とりわけ首都のテルアビブ）はテック業界では有名な存在だ。米国の大手調査企業エキスパート・マーケットの世界のテック都市ランキングで首都のテルアビブは五位にランクインしている（一位＝北京、二位＝独ベルリン、三位＝米サンフランシスコ、四位＝米オースティン、六位＝上海、七位＝印バンガロー、八位＝米ボストン、九位＝英ロンドン、一〇位＝加バンクーバー）。残念なことに、日本の都市はトップ二〇にランクインしていない。

ソニーの元社長出井伸幸氏は、「米フォーブス誌」（二〇一七年一二月七日付）でイスラエルがテック業界の雄となった背景について次のように語っている。

イスラエルの国民はわずか八〇〇万人だが、その中に八〇〇〇を超えるスタートアップが存在している。なぜここまで成功しているのだろうと思っていたが、行ってみて確信した。その秘密はやはり軍事にあった。常に戦争と背中合わせの中、自分たちで国を守ってきたという強烈な背景がある。そして驚いたことに、一八歳からの兵役期間（男性三年、女性二年）に、国が一人一人の能力を全て分析し、把握し

ていることだ。プログラミング・ハッキング・物理理論に強いなど、得意分野を定めて伸ばす教育を行っている。イスラエルは、常に戦争がそばにあるから思考の元となる国の情勢や国民の状況も、日本とまるで違う。しかし、そもそもどんな国でも若い人は自分自身の強みというのはよくわかっていないものだ。イスラエルでは兵役後、大学に進学するのは二一歳以降となる。

（フォーブス二〇一七年一二月七日付）

実際にイスラエルを視察した出井氏が言うには、同国の強さの源泉は徴兵制とその教育にあり、官民が一体となって技術革新を推進しているという。これは、軍用の技術を研究できない日本の教育機関の状況とはまるで異なる。そして出井氏はこうも指摘する。「建国してから七回も戦争を行い、周辺諸国が敵ばかりというイスラエルは軍事のための技術に集中してきた。（中略）イスラエルに限らず他の国、たとえば米国は三年に一回は戦争を行なっているが、そのた

びに技術が向上している」（同前）。

さて、諜報の話に戻すがイスラエルが諜報に力を入れていることと同じく、敵対するイランの革命防衛隊にも「クッズ部隊」と呼ばれる対外特殊任務をこなす精鋭が存在する。兵力は五〇〇〇～一万五〇〇〇人と推定され（モサドのそれは推定一五〇〇～二〇〇〇人）、司令官は悪名高いカセム・スレイマニ将軍。

このクッズ部隊の主な任務は、イスラム教シーア派の武装組織であるヒズボラやハマスへの軍事的な支援、イスラエルや米国への破壊工作、国外の反イラン派の排除にある。関与が取り沙汰されているのは、米国がイラクを占領していた時期に起きた簡易爆弾を使用しての米兵殺害だ。被害者は数百人にのぼる。また元イラン首相のシャープール・バフティヤール氏の暗殺（一九九一年、仏パリ）、イラクのクルド指導者であるサーティーフ・シャラーフ＝キンディ氏の暗殺（一九九二年、独ベルリン）にも関与した疑いが濃い。

米国政府は現在でもクッズ部隊とその司令官であるスレイマニ氏を危険視しており、ビル・クリントン氏とブッシュJr.の下でテロ対策を担当していたリチャード・クラーク氏は「米ウォールストリート・ジャーナル」（二〇一二年四月五日付）にこう話している。（スレイマニ司令官は、）「クッズ部隊が手がけたすべての活動とイランの影響力拡大を裏で操る悪魔のような存在と言えよう」。

そして、イランもイスラエルと同様に特殊任務に加えてサイバー能力にも力を入れている。イランがサイバー分野に強いというイメージはあまり湧かないかもしれないが、「米ウォールストリート・ジャーナル」（二〇一五年一〇月一六日付）は「サイバー戦争の新たな軍拡競争、覇者はどこか」と題した論説において「米政府関係者によると、当局の最大の懸念は中国やロシア、イラン、北朝鮮が保有するサイバー攻撃能力だ」と、米政府がイランを名指しで懸念していると伝えた。

イランは二〇一一年のイスラエル（と米国）によって遠心分離機が破壊されたことを契機に、急速にサイバー分野の向上を図ったとされる。近年ではその能力を如何なく発揮しており、有名な事件では、イランのマブナ・インスティテュートという企業が二〇一三年から二〇一七年一二月にかけて米国の一四四の大学や行政機関、日本や韓国、スイスや英国など二一ヵ国の一七六の大学にサイバー攻撃を仕掛け、大量の学術データを盗み出した。この犯行に対しては、米財務省が追加の経済制裁（二〇一八年三月二三日付）を課している。

また、二〇一八年五月にはシリアに駐留する米軍の電力施設や偵察用小型無人機を運用する駐留部隊にサイバー攻撃を仕掛けたことが米国防総省によって明らかにされた。各種報道を基にすると、イランは極めて高いサイバー攻撃の能力を保有している可能性が高い。

直近ではトランプ政権の対イラン制裁によって、イランの経済はかつてなく困窮しており、イランの弱体化が叫ばれたりもしているが、イスラエルに言わせるまでもなくイランの脅威は決して侮れるものではない。

イスラエルには推定で七五～四〇〇の核弾頭、そしてその運搬手段である地上配備型の弾道ミサイル、さらには潜水艦発射型の巡航ミサイルがあるとされ、見方によってはイスラエルのイランに対する優位性は明らかだ。しかし、そのイスラエルはイランの弾道ミサイルやクッズ部隊、さらにはヒズボラやハマスといった屈強な対外武力組織に極度の警戒感を示している。だからこそ、国民保護や防諜、軍事力のさらなる拡充や改変に余念がない。

それに比べて日本はどうか？　日本には対外防諜組織はなく、諸外国では例外なく整備されているスパイ防止法すらない。国民保護の基本装備であるシェルターの普及率は、たったの〇・〇二％だ。この差は圧倒的である。

中朝の脅威は桁違い

ここまで読んで、「イスラエルにとってのイランの脅威と、日本にとっての北朝鮮の脅威を比べると、イランのそれの方がはるかに上回っている」と感じた方がいれば、それは認識不足だ。欧米メディアの代表格である「英ロイター」（二〇一八年五月一〇日付）は次のように論じている。

「北朝鮮はイランとは異なり、短距離ミサイル、中距離ミサイル、巡航ミサイル、そして大陸間弾道ミサイル（ＩＣＢＭ）など各種ミサイルを備えた核保有国であり、二〇―六〇発の核弾頭を有しているとみられる」――そう、弾道ミサイルに関して言えば北朝鮮のそれはイランと比較にならないほど強力なのだ。ましてや北朝鮮の横には、さらなる軍事大国の中国が君臨している。日本の置かれた状況は、日本人が想像している以上に厳しいものなのだ。

ここで、中国共産党の機関紙である環球時報の社説（二〇一八年七月二五日付）を紹介しておきたい。社説のタイトルは「超核大国であるロシアを敬うトランプから得たヒント」だ。社説は必要以上の核兵器を保有する必要はないという専門家の考えを否定し、中国の「核兵器の量が『まったく足りない』」と論じた上で「『外部勢力が軍事力で中国を恫喝（どうかつ）できないほどの力を持つべきだ』と主張」する。そして、米国が南シナ海と台湾の問題で積極性を見せている原因が、米国が中国の核戦力を十分でないと認識しているためであると分析し、核兵器の開発は「国家の核心的利益を守るための最重要事項でなければならない」（環球時報二〇一八年七月二五日付）と強調したのであった。

ちなみに社説で述べている核心的利益には、台湾と南シナ海などに加えて日本の領土である尖閣諸島の領有権も含まれているということを私たちは忘れてはならない。中国は自国の核弾頭の保有数を公表しておらず、同国の核戦力には不明な点が多いが、ほとんどの専門家は中国が核戦力の拡充を急いでいると分析している。

中国は核不拡散条約（NPT）で公式に核兵器の保有を認められている五カ国、すなわち米ロ英仏とともに名を連ねる国である。その中でも、核戦力の近代化と拡充に熱心に取り組んでいる唯一の国と言ってもいいだろう。もちろん核兵器といえども老朽化はするわけで、どの国も〝更新〟という名の近代化作業は行っているが、中国のような核戦力の質・量の両面での増強にまで取り組んではいない。

（JB PRESS二〇一七年三月三日付）

中国と東アジアの安全保障に詳しい阿部純一氏はこう指摘する。しかも中国は、従来の「核の先制不使用」の原則を逸脱し、先制使用の可能性を高めることを目指していると考えられるというのだから穏やかではない。

二〇一八年七月二五日付の「大紀元時報」もこのように指摘する。

米シンク・タンクの外交問題評議会（ＣＦＲ）原子力安全事務局パトリシア・キム氏によると、中国の軍事専門家は、「核兵器を最初に使用しない」「報復攻撃の能力」といった既存のルールを変えて、「核攻撃を受けていなくても、通常兵器では対抗できないような大規模な外部侵攻」に核攻撃の行使を主張しているという。中には、中国と領土問題が存在する国を抑制するため、既存ルールの完全撤廃を主張する過激な専門家もいる。

（大紀元時報二〇一八年七月二五日付）

こういう国が日本のすぐ隣に存在するのを、どう理解したらよいのか。抑止力の強化は急務である。無論、日本はイスラエルなどと違って国内の制約が多

く、一朝一夕に懲罰的抑止（「攻撃（第一撃）に対して懲罰（第二撃）を加える」という意思を示すことによって、相手に攻撃を思い留まらせようとする抑止の概念）を持つことはできない。であるならば、少なくとも拒否的抑止（「自らの損害限定能力によって、相手の目的達成を拒否」することによって、相手に攻撃を思い留まらせようとする概念）で言うところの「ミサイル・ディフェンス」を徹底する必要があるだろう。

実は、シェルターの普及やミサイル・ディフェンスといった拒否的抑止に関しても、イスラエルの取り組みは目を見張る点がある。

イスラエルのミサイル・ディフェンス（MD）

二〇一四年夏、イスラエルのミサイル防衛の能力の高さを世界中に知らしめる事件が起きた。この時、イスラエルは敵対する武装組織ハマスから約一ヵ月にわたっておよそ一〇〇〇発ものロケット弾による攻撃を受けたのだが（ガザ侵攻）、民間の死傷者がわずか七名に留まったのである。ちなみにハマスとは、パレスチナで反イスラエル闘争を行なうイスラム武装組織だ。一時期はイランと疎遠となっていたが、近年では関係の修復が取り沙汰されている。

さて、二〇一四年のハマスの攻撃は、なぜ奏功しなかったのだろうか。一つの原因は、やはりイスラエルの徹底した国民保護である。もう一つは、ハマスのミサイルの精度が低かったことだが、イスラエルのミサイル・ディフェンス（ＭＤ）システムが恐るべき効力を発揮したためである。

そのＭＤシステムの名称は、「アイアンドーム」。イスラエルのＭＤシステム開発は第四次中東戦争（一九七三年）から始まったとされるが、第二次レバノン内戦（対ヒズボラ戦）の際に約四〇〇〇発というロケット攻撃を受けたため（民間で三三名以上の死者を出した）、イスラエル政府はその翌年から新たなＭＤシステムであるアイアンドームの開発に乗り出した。

そして二〇一一年から実戦配備されることとなったアイアンドームは、四キロ～七〇キロ以内から発射される一五五ミリ砲弾やロケット弾を着弾前に撃墜する。また、対空ミサイルとしても機能し、一〇キロ以内のＵＡＶ（無人航空機）や誘導爆弾の対処も可能だ。気になる迎撃率だが、二〇一一年末で七五％、二〇一二年三月時点で八〇％、同年六月には九〇％にまで達したとされる。

しかも驚くべきことに、イスラエルのＭＤシステムはアイアンドームに留まらない。アイアンドームは短中距離弾道ミサイル（下層）に対する迎撃能力であり、イランが保有する長距離弾道ミサイル（高層）の対しては「アロー２・３」と呼ばれる迎撃システムを用意している。「アロー２」は上層大気圏で発射体を迎撃するもので、「アロー３」は大気圏外で迎撃するミサイルだ。また、下層と上層の間である中層（中距離弾道ミサイル）の脅威に対しては「ダヴィデスリング」という迎撃システムを運用している。またアイアンドームの補完装備として七キロ以内の短距離ミサイルを打ち落とす「アイアンビーム」というレーザー砲を開発中だ。

すなわち、現時点におけるイスラエルのＭＤシステムは（下から順に）「アイアンドーム」「ダヴィデスリング」「アロー２」「アロー３」の四重構造となって

アイアンドームの迎撃概念図

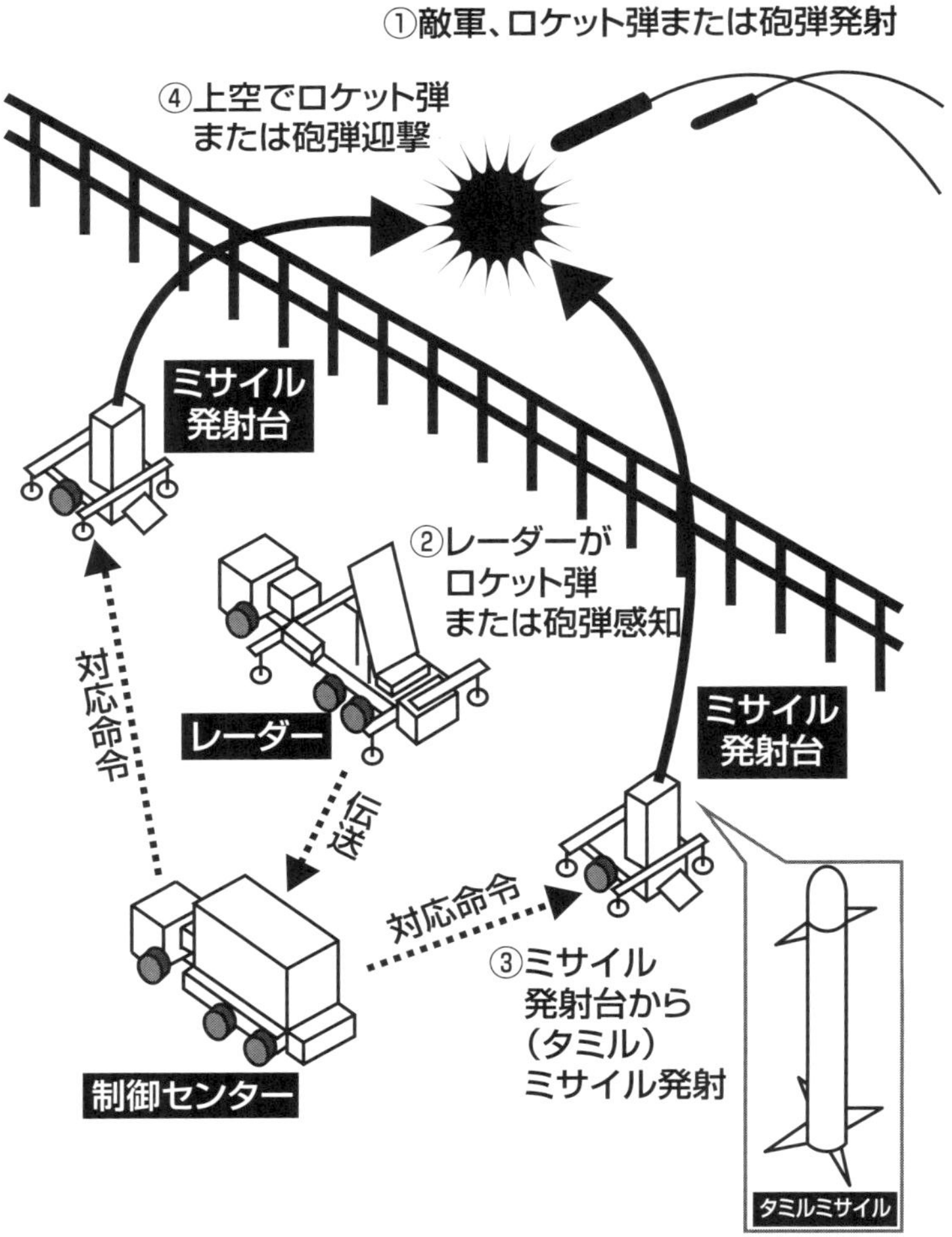

おり、同国ではこれらすべてのシステムの総称としてアロー・ミサイル防衛システムと呼んでいる。ちなみに、このすべての開発に米国が関わった。

こうした強力なＭＤシステムに加え、イスラエルには一〇〇％の普及率を誇るシェルターがあり、さらにはガスマスクや有事の際の手引きを国民に配布するなど国民保護が徹底されている。だからこそ、紛争の際の被害が諸外国が驚くほど小さいのだ（ただしイスラエル政府は、一名でも民間の被害者を出すと国民から糾弾されるという）。

翻って日本の場合はどうか？　まずＭＤシステムだが、この点はさほど悪くない。ご存じのように、日本のＭＤシステムは二重構造となっており、「イージス・システム」搭載の護衛艦四隻と、「パトリオット・ＰＡＣ３」移動式発射機三四両から成り立っている。

日本政府は現行のＭＤシステムに加え、陸上配備型のイージス・システム（イージス・アショア）もしくは韓国にも配備された高高度防衛「ミサイルＴＨＡＡＤ」（サード）の配備を検討していたが、このほど二基の「イージス・ア

応募者全員

「浅井隆からの最新情報DVD」プレゼント

このアンケートハガキにご回答・ご応募いただきました方に、もれなく浅井隆が最新の経済・金融・国際情勢などについて映像でお伝えするDVDをプレゼントいたします（3ヵ月毎に内容を更新）。

《ご購読者アンケート》

書名

Q この本を何でお知りになりましたか？

□新聞、雑誌の広告や書評を見て（媒体名　　　　　）
□直接書店で見て　□知人のすすめで
□第二海援隊ホームページで
□その他（　　　　　）

Q この本をどこでお買い上げになりましたか？

□書店（　　　　　）
□インターネット書店（　　　　　）
□弊社に直接ご注文　□その他（　　　　　）

Q 浅井隆の本は何冊くらいお読みになりましたか？

□本書が初めて　□＿＿＿＿冊目

Q 巻末の『浅井隆からの重要なお知らせ』でご関心をもたれたクラブはございますか？

□プラチナクラブ　□日米成長株投資クラブ　□ロイヤル資産クラブ
□自分年金クラブ　□ビットコイン（仮想通貨）クラブ
□その他（　　　　　）

Q ご意見・ご感想、現在関心を持っている事柄、今後取り上げて欲しいテーマ等があればお聞かせください。

（　　　　　）

書籍に関するご意見・お問い合わせはe-mail:hon@dainikaientai.co.jp

◉ Eメールにて第二海援隊の最新出版情報をお届けいたします（無料）。
□ 希望する　／　□ 希望しない

ご協力ありがとうございました。

郵 便 は が き

料金受取人払郵便

神田局
承認

4719

差出有効期間
平成32年5月
31日まで

[切手不要]

101-8791

503

千代田区神田駿河台2－5－1
住友不動産御茶ノ水ファーストビル8F
株式会社 **第二海援隊** 行

お名前	フリガナ	男・女	年 月 日生 歳
ご住所	〒		
TEL		FAX	
e-mail			
ご購読新聞		ご購読雑誌	

ご記入いただいた個人情報は、書籍・レポート・収録CD等の商品や講演会等の開催行事に関する情報のお知らせのために利用させていただきます。

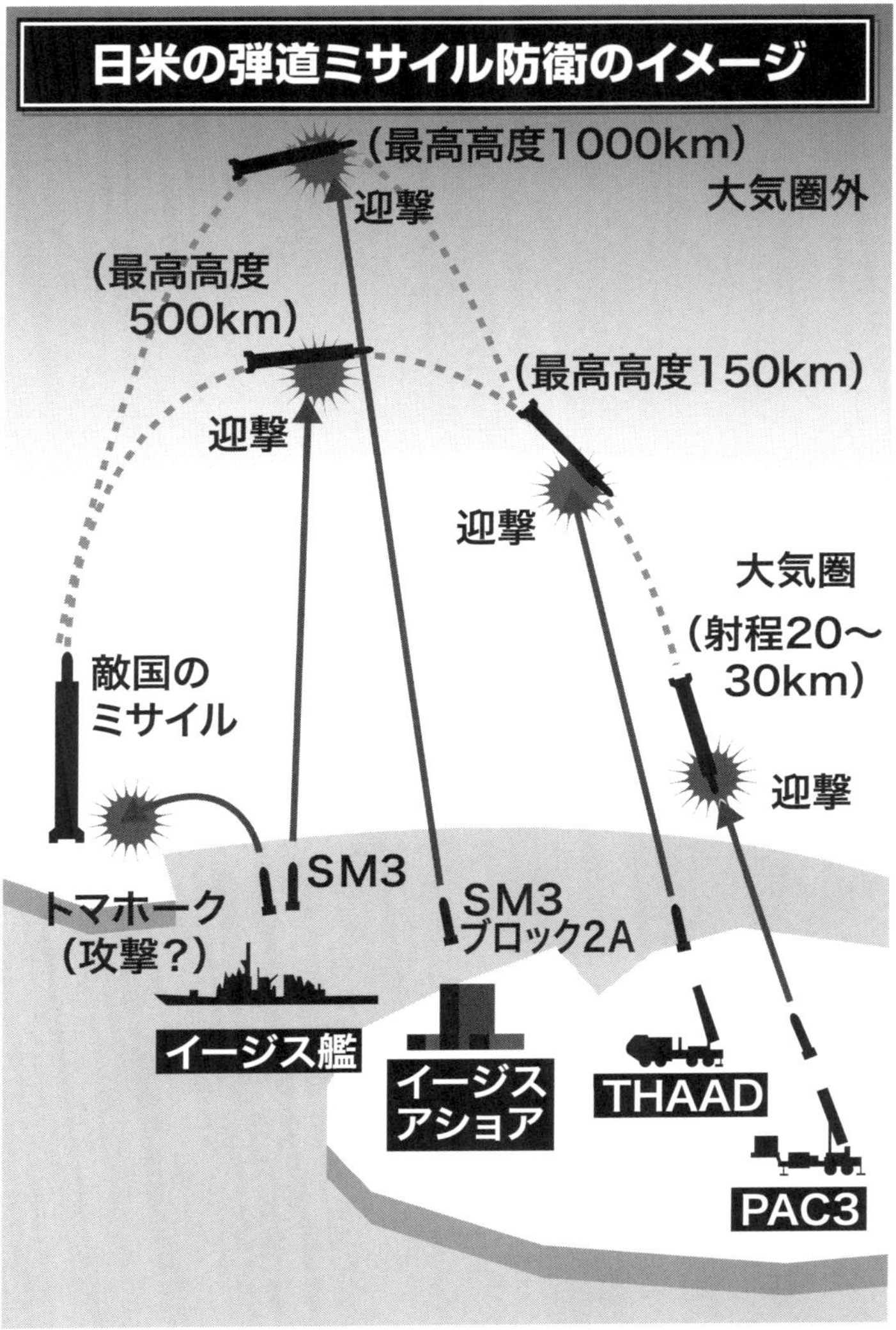
日米の弾道ミサイル防衛のイメージ
（最高高度1000km）
大気圏外
迎撃
（最高高度
500km）
迎撃
（最高高度150km）
迎撃
大気圏
（射程20～
30km）
迎撃
敵国の
ミサイル
トマホーク
（攻撃？）
SM3
SM3
ブロック2A
イージス艦
イージス
アショア
THAAD
PAC3

ショア」を配備することで決着した。これにより日本のMDシステムはより強化されることは間違いない。

しかし、だからといって日本の防衛が一〇〇%安全と考えるのは時期尚早だ。日本のMDシステムが一度に迎撃できるミサイルの数には限界があり（現行ではイージス艦が八発、PAC3が一六発）、飽和攻撃（攻撃側が攻撃を仕掛ける際に、攻撃目標の持つ防御のための処理能力の限界を超えた時間当たりの量で攻撃すること）には対応できない。

そして北朝鮮と中国は、日本に対して飽和攻撃を仕掛けることができる量の弾道ミサイルを保有しているとされる。そもそも日本のMDシステムは、イスラエルのそれと違って実戦で試されたことがないため、真の迎撃率は不明だ。それに米国製のPAC3に関しては、イエメンを拠点にするイスラム教シーア派の武装組織フーシの弾道ミサイルを迎撃できなかったとの報道が一部でなされている。

いかなるMDシステムも完璧な防衛を保証できない以上、やはり国民保護の徹底が不可欠だ。この点が日本には欠けている。中には「イスラエルとアラブの対立には歴史的にも宗教的にも根深いものがあり、日本を取り巻く環境とは比較できない」といった意見もあるだろう。実際に「イスラエルとアラブの対立は外交的な解決が不可能で、東アジアの場合はそれが可能だ」という専門家も少なくない。

イスラエルの置かれた立場は極めて特殊なのだという意見にも一理あるが、しかし国民保護を徹底している国はイスラエルだけではない。たとえばスイスのように、置かれた環境がイスラエルとは程遠い国でもイスラエルと同程度に国民保護を徹底している国家もある。

スイスでも徹底される国民保護

よく知られているように、スイスは永世中立国であるが第一次世界大戦の際には誤爆によって多大な被害を受けている。そのため、自衛に対する概念が非常に強い。

スイスでは、いつ第三次世界大戦（核戦争）が起きても国民の安全を守れるよう、大型のビルを新築する場合は官民を問わず地下に核シェルターを設置するよう義務付けられている。かつては個人の住宅にも核シェルターの設置が義務付けられていたが、公共のシェルターが普及してきたこともあり、近年になってこの規制は緩和された。ただし、自宅にシェルターがない人は一定の費用を支払って公共のシェルターに家族分のスペースを確保しなければならない。二〇一五年時点で学校や病院、個人の住宅などに三〇万基以上の核シェルターがあり、その他にも公共の大型シェルターが三〇基以上ある。そのため、核戦争が起きたとしても人口（八〇〇万人）の約一一四％がシェルターに避難することが可能だ。スイス大使館によると、観光客も収容できるという。

ところで、シェルターは何も核戦争だけを想定して設置しているのではない。地震や火災といった自然災害のことも想定している。そのため、造りは極めて頑丈だ。当然、備蓄も徹底している。スイスでは常日頃から政府、企業、家庭がそれぞれ備蓄（貯蔵）に励んでおり、全国民が約一〜二年は生き延びられるだけの食糧や備品が確保されているのだ。

再び戦争へ備え始めたスウェーデン

「長年の間、戦争の脅威に対してスウェーデンでは極めて限定的な用意しか行われていなかった。しかし、我々の周りの世界が変わり、政府はスウェーデンの総合防衛力の強化を決めた。平時の緊急事態への備えは、戦時の回復力の重要な基礎となる」――これはスウェーデン政府が二〇一八年五月に二週間をかけて同国の全世帯（四八〇万世帯）に配布された冊子に掲載されている言葉だ。

冊子のタイトルは、「もし危機や戦争がやってきたら」。スウェーデンの市民緊急事態庁がまとめたもので、内容は二〇ページにおよぶ。主な内容は、テロや武力紛争が起きた場合の行動、異常気象への備え、フェイク・ニュースの見分け方などだ。住民に対しては、「世界がひっくり返った事態」を想定し、自宅に十分な量の食糧や水や毛布を備蓄しておくよう助言。さらに自治体に対しても、冷戦時代のような防空壕を準備するよう求めている。

何より特筆すべき点は、いかなる手段を使ってでも侵入者に抵抗するよう、全住民に指示していることだ。

冊子を配布した目的は、急速に悪化しつつあるバルト地域の治安情勢にある。それゆえスウェーデンは、二〇一〇年に徴兵制を廃止したが二〇一八年から復活させた。また全土で軍備の増強を図り、バルト海に面した戦力的な要衝であるゴットランド島に部隊を配置している。

スウェーデンには、高まるロシアの脅威が〝今そこにある危機〟と映っているようだ。なぜなら、二〇一三年三月にロシア空軍がスウェーデンのストックホルム群島の東端で実施した軍事演習がスウェーデンへの核攻撃を想定したものであった可能性が高いからだ。それは、ＮＡＴＯ（北大西洋条約機構）が二〇一六年に発行した年次報告で明らかにしている。

ソ連崩壊を地政学的な大惨事と位置付けるロシア。そのロシアは、ジョージ

危機や戦争に備えるスウェーデン
IMPORTANT INFORMATION FOR THE POPULATION OF SWEDEN
IF CRISIS OR WAR COMES
For the population of Sweden
What would you do if your everyday life was turned upside down?
Your emergency preparedness
If Sweden is attacked, resistance is required
Heightened state of alert
Shelters and other protective spaces
Get involved!
IMPORTANT TELEPHONE NUMBERS AND WEBSITES
112
113 13
114 14
1177
Dinsäkerhet.se
Krisinformation.se

ア（旧名グルジア）やウクライナといったソ連時代の領土に軍事的な進出を果たした。当面の狙いは、ＥＵの東進を防ぎつつユーラシア地域で覇権を収めることにあると言われている。

実際、近年のロシアはバルト地域への進出が著しい。それゆえバルト三国（エストニア、ラトビア、リトアニア）はもちろんのこと、北欧の三ヵ国（ノルウェー、スウェーデン、フィンランド）も同じように危機感を募らせている。ちなみにスウェーデンは徴兵制を復活させたが、ノルウェーとフィンランドは徴兵制を長年にわたって維持してきている。

ここ日本でも、北朝鮮や中国の脅威についてはもっと語られてよいはずである。バルト三国や北欧諸国にとってのロシアの脅威と同等、あるいはそれ以上に中朝の脅威は深刻であるはずだ。そして、この二ヵ国の脅威は時が経つにつれて増す可能性が極めて高い。そうした状況下、どうして日本だけが悠長に構えていることができるのだろうか。

こういう類の話をすると、すぐに「危機をあおっている」との反論をいただ

ロシアの脅威 バルト三国、北欧に迫る
フィンランド
ノルウェー
スウェーデン
エストニア
ラトビア
デンマーク
リトアニア
ロシア
ベラルーシ
オランダ
ドイツ
ポーランド
ベルギー
チェコ
スロバキア
ウクライナ
フランス
オーストリア
モルドバ
カザフスタン
スイス
ハンガリー
クロアチア
ルーマニア
ボスニア
ヘルツェゴビナ
セルビア
黒海
イタリア
モンテネグロ
ブルガリア
マケドニア
ジョージア
アルバニア
アルメニア
アゼル
バイジャン
ギリシャ
トルコ
トルクメニスタン
地中海
キプロス
シリア
チュニジア
レバノン
イラク
イラン
ヨルダン
イスラエル
アルジェリア
リビア
エジプト
サウジアラビア
オマーン

く。しかし、今の日本にはあまりに危機感が欠乏している。少し危機をあおるくらいで宜しいのではないだろうか。議論するだけでも価値がある。

最後に、本章のタイトルでもある「日本とイスラエル、どちらが危険か?」という問いに回答したい。自然災害については確実に日本だが、安全保障に関しては間髪入れずに「イスラエル」と言いたいところだ。しかし、イスラエルは官民共に強烈な危機感を共有しているだけましかもしれない。そう思うと、中長期的に危険なのは日本の方かもしれないのだ。

やはり、現実を直視して議論することから始めるべきである。

第三章

自衛隊の真実

――本当にどれくらいの戦闘能力があるのか
そして、本当に闘えるのか

百万の大群、恐るるに足らず！　恐るるべきは、一人一人の心なり！

（高杉晋作）

「士」階級の自衛隊員の充足率が七割を切った

「人は石垣、人は城」と詠われるように、国を守るのに人材ほど大事なものはない。ところがである。本書を執筆しているのは二〇一八年の七月下旬であるが、まさにそのタイミングで自衛隊に関するあるニュースが入ってきた。

それは、北朝鮮に関することでも、「イージス・アショア」（地上配備型ミサイル迎撃システム）に関することでもない。自衛官の採用に関するニュースだ。これを伝える二〇一八年七月二一日付の「時事通信」の記事の見出しはこうだ。「自衛官採用年齢引き上げへ＝三〇歳上限、人材確保厳しく―防衛省」。記事から抜粋しよう。

防衛省は二一日、主に高卒者を対象とする自衛官候補生などの採用年齢を引き上げる方向で調整に入った。現行一八～二六歳までの採用

年齢について上限を三〇歳程度とすることを視野に検討する。少子化や景気回復を背景に優秀な人材の確保が厳しさを増していることを踏まえた措置で、陸海空各自衛隊との調整が付けば、二〇一九年度から実施する。

年齢引き上げは一九九〇年四月に当時二四歳だった上限を二六歳にして以来、実現すれば約三〇年ぶり。採用年齢を定めた自衛隊法施行規則などを改正する。（中略）

特に自衛官候補生の採用数は一二年度の九九六三人をピークに五年連続で減少しており、一七年度は七五一三人にとどまった。同省関係者は「景気回復に伴い、優秀な人材は民間企業に流れている」と危機感を示す。（後略）

（時事通信二〇一八年七月二一日付）

この記事に先立つこと約二ヵ月。自衛官採用の現状を伝える記事が出ていた。

「自衛官採用数、四年連続計画割れ　国防力確保に不安、少子化も背景」。こちらも記事の冒頭箇所を引用しよう。

自衛隊の主力隊員になる「自衛官候補生」の入隊が四年連続で採用計画人数を下回ったことが一三日、分かった。二〇一七年度の採用では計画八六二四人に対し、試験を経て入隊の意思を示したのは六八五二人（一八年三月三一日現在）だった。少子化などが背景。防衛省幹部は「任務はきついかもしれないが、国防を担う人員確保は喫緊の課題だ」と不安感を強めている。（共同通信二〇一八年五月一三日付）

この二つの記事をまとめると、こういう感じであろう。景気回復により人材は民間企業に流れ、さらに言えば少子化で元々若者の数自体がどんどん減っている。だから自衛官の確保が難しくなったので、採用年齢を引き上げてなんとか人員を確保しようという方向で検討している。

景気回復による人材確保難と少子化——この理屈はわからないでもない。しかし、自衛隊の現場を知る者からは、もっと深刻な実態を指摘する声があがっている。元自衛官で陸上自衛隊現場初の臨床心理士として、自衛官の自殺予防対策を担当した玉川真理氏は、二〇一五年一二月三日付東洋経済オンラインにおいて、人手不足の自衛官の厳しい現状に警鐘を鳴らしている。

記事のタイトルは「自衛隊に迫る真の危機、誰が日本を守るのか　元隊員が明かす、内側から見た最大の懸念」。現場を知る彼女の指摘は重い。その実情を聴けば、自衛官が置かれている現状は、ただ単に「採用難」で片づけられるものではないことが伝わってくる。

まず彼女は、防衛省のホームページに掲載されている数字を基に、人員不足の現状を先の通信社の記事より詳しく解説する。それによれば、自衛官（自衛隊員）の定数は二四万七一六〇人（二〇一五年三月三一日現在）であるのに対し、充足率は、陸上自衛隊九一・五％、海上自衛隊九二・八％、航空自衛隊九一・六％、合計で計九一・七％。いずれも九割を超えており、これだけ見ると人員不足はそれほど深刻なようには見えない。しかし、玉川氏は階級別に見ていくと、それが必ずしも正しくないことがわかるという。

陸上・海上・航空各自衛官は、「将」（戦前または他国の軍隊で言えば「中将」）から「二士」（同じく「二等兵」）まで一六階級に分かれた階級があり、このうち三尉（同じく「少尉」）以上の八階級を幹部自衛官という。その幹部の充足率は九三・七％。その次に来る「准尉」が九二・六％、その下の「曹」が九八％。そして、もっとも階級の低い「士」だけが飛びぬけて低く、充足率七四・六％となっている。

士とは「二士」「一士」（同じく「一等兵」）「士長」（同じく「上等兵」）と呼ばれる下から三番目までの階級の自衛官のことだ。玉川氏は言う。「つまり、最も現場で働く隊員がまったく足りていません。伝令や警戒業務、雑務、総務などは、本来は士の階級に属する自衛官の任務ながら、代わりにそれが一定の中堅自衛官に集中する事態にもなっています。士の階級に属する自衛官が足りていないのは、自衛隊に入隊する人が減少している証です」（東洋経済オンライン二〇一五年一二月三日付）。

現場の兵隊さんの数が足りないので、上の階級の自衛官がその業務もやらざるを得なくなっているというのだ。

玉川氏が挙げている数字は二〇一五年三月三一日現在のものだが、防衛省ホームページから最新の数字を確認してみると、二〇一七年三月三一日現在では充足率はさらに悪化している。特に、士において悪化が著しい。まず全体の充足率だが、九〇・八％。二年前より一％弱だが落ちている。そして問題の士だが、充足率は六九・五％。なんと、二年前より五％以上も下がっているのだ。防衛省が危機感を覚えるのも無理はない。

予算がないので部隊のトイレットペーパーも自前で調達

なぜ、現場の充足率が落ち込んでいるのか？　先にも述べたように、景気回復や少子化と言ったこともあろう。しかし、玉川氏は苛酷な現場によって自衛官が潰されていると指摘する。引用しよう。

自衛隊では海外派遣や災害対策など任務が拡大・多様化し、以前は一〇人でやっていた仕事を今は五人、ひどい時は一人でしなければならないケースも出ています。筆者は部隊の中で一定のできる人のところへ仕事がどんどん流れていき、結果的に潰されてしまう現状をよく見ていました。それがさらに悪化した部隊では「ここにいたら過労死する」と、どんどん隊員が辞めていき、業務が回せない状況になることもありました。（同前）

東日本大震災など災害現場での自衛隊の活躍は本当に素晴らしく、私も一国民として頭が下がる思いだが、そういった苛酷な任務の〝拡大〟により一人ひとりの隊員の負担が増え、それが隊員を潰しているというのだ。

今、「苛酷な任務の〝拡大〟」と書いた。そう、拡大して行っているのだ。ずるずると。そのあたりの現状を、防衛問題研究家・桜林美佐氏の指摘から見ていこう。桜林氏は、阪神淡路大震災の時は自治体から自衛隊災害派遣要請が出なかったので、派遣が遅れ被害者が増えたと言われていることを踏まえた上で、こう述べる。

桜林　災害派遣要請の壁が低くなったのは良いことですが、その一方で何でもかんでも自衛隊に頼むという弊害も生まれています。最近も北海道で救急患者の搬送要請を受けた陸上自衛隊の飛行機が出動しましたが、悪天候の影響で墜落し、四人の隊員が殉職されました。じつはこの時、患者は結局、陸路で病院に到着しています。本当に自衛隊に要請する必要があったのかどうか。（中略）本来は消防なり警察が手に負えないという判断があって、最後に自衛隊に頼むという順序になっているのに、それが崩れているのではないか、と。ヘンな話、自衛隊に頼めばタダですからね。

――県や市町村など自治体は、自分の予算を使わなくても済むと。

桜林　そういうことです。

（『明日への選択』平成二九年一〇月号）

自衛隊は日頃苛酷な訓練を行なっているから、災害時には大変力を発揮する。自衛隊の訓練のすごさ――また少し桜林氏の言葉を借りよう。「３・11の後、隊員の方々に話を聞きましたら、皆さん『演習ではもっと大変ですから』と。普段から何週間も帰れない、トイレもない、お風呂にも入れない状況で、国防のための演習や訓練を行っているのです」（同前）。

もちろん、統率も採れている。長期にわたる活動も可能。災害支援にはうってつけだ。しかし、もし自治体予算を使わなくてすむという理由で自衛隊が濫用されるのであれば、それは大いに問題だ。

実は、自衛官に課せられている苛酷さは、こういった現場での任務ばかりではない。我が国の防衛費には「ＧＤＰの一％枠」というわけのわからない縛りがある。一九六七年度以降実に半世紀を超えてこの枠を守ってきている。何が必要かということより、まず「枠ありき」なのだ。そのため自衛官の現場は、こんなことになっているのだ。再び桜林氏のインタビューから引用しよう。

――予算不足が任務だけでなく、隊員個人にもしわ寄せが行っていると
いう話もあります。

桜林　例えば、自衛官は転勤が多く、幹部の方だと定年までに二十回近く引っ越しをするそうです。でも、交通費以外の費用は、事実上自腹。消費税が上がる直前は引っ越し料金が高騰し、ボーナスをほぼ全部注ぎ込んだという方もいました。

それから、部隊に何度か訪ねる中で分かって来たのですが、トイレットペーパーすら足りないので自前で調達しているのです。信じられないような話ですが、本当の話です。（中略）

例えば、一般企業に入って、トイレットペーパーですら自己負担しなければならないとすれば、そんな会社はやめちゃおうということになりますよね。自衛隊だからまだもっていますが、今後はなかなか難しいのではないでしょうか。（同前）

元空将の言葉「お金じゃないんですよ」

いや、本当にそうである。「自衛隊だからまだもって」いるけれども、普通の今どきの若者だったら「冗談じゃないよ。こんなひでぇ会社」となること、間違いなしである。

こうして見てくると、自衛隊は言わば典型的な３Ｋ職場（「きつい（Kitsui）」「汚い（Kitanai）」「危険（Kiken）」）であると言える。すると今度は逆に、典型的３Ｋ職場であるにも関わらず、この充足率というのは高いとも言える（特に一般企業なら係長・課長クラスに当たる「曹」は、定員一四万五人に対し現員一三万七九五一人で、充足率は九八・五％。人数・充足率とも最大である）。この高さを担保するものは何なのだろうか？

二〇〇四年、自衛隊イラク派遣で「ヒゲの隊長」として有名になった佐藤正久・現参議院議員の言葉を聴こう。ただ単に、お金や良い待遇のために働くのではない、自衛隊で働くことの意味が伝わってくる。

私は福島県の出身です。一一年の東日本大震災の災害派遣のとき、三名の自衛官が亡くなりました。イラクでは亡くなっていませんが、あの震災の災害派遣では三名が亡くなった。非常に厳しい災害派遣だったためです。不眠不休でした。持病を持っている人もいました。イラクの場合は、どちらかというと健康な隊員を選んで行きましたが、震災の際はその余裕すらありませんでした。

被災地でずっと任務が続いていたので、上司から「一日だけ自分の家に帰って、少し休みなさい」と言われて帰ったある自衛官は、奥さんから「あなた、あまり無理をしないでね」「ちゃんと無事に帰ってきてね」と言われた。その自衛官は何と言ったか。

「馬鹿野郎！　自衛官をなめるなよ。あの厳しい訓練に比べれば、まだまだだ」

こう言ったのです。被災者のために汗を流すんだと。
これが自衛隊の一つの本質なのです。
（櫻井よしこ・花田紀凱著『「民意」の嘘』産経新聞出版刊）

もう一人、元自衛官の言葉をお伝えしよう。元空将の織田《おりた》邦男氏だ。実は織田氏には、私がこの度設立したシンクタンク「国家戦略研究所」の所長に就任していただいた。私は還暦を過ぎたとはいえ、もし中国などが日本を侵略してきたら断固として戦うつもりだ。こちらから侵略することはないが、侵略者には絶対屈従しない。そういう気持ちでいる。その私からすると、昨今の東アジア情勢——北朝鮮の核ミサイル危機「強軍」「強国」を掲げる中国の台頭——は極めて懸念されるものだ。そこで私は、シンクタンク「国家戦略研究所」の設立を志しその所長の適任者を探していた際、縁あって織田氏に巡り合ったのだ。
織田氏は元空将で、イラク派遣軍航空部隊指揮官も務めた方だ。だから当然厳しいジェネラル（将軍）という面はお持ちだが、と同時に穏やかなジェント

ルマン（紳士）という感じの方だ。薄っぺらなネトウヨのような品位のない攻撃的な言葉は一切口にしない。いつも冷静に落ち着いて話をする。

大学で講義をしていることもあって、お話は大変わかりやすい。米・中・朝鮮半島情勢や各国の戦略に極めて通じており、そして国を護る志はもちろん熱い。私は「国家戦略研究所の所長にはこの方しかいない！」と惚れ込み、口説き落とした。その織田氏は、自衛隊の教育についてこのように語っている。

日本人は優秀なんだけど、その優秀さを今の教育は出させていないないと思います。コンビニの前で地べたリアンやっていたようなどうしようもない若者が自衛隊に入ってくる。すると、自衛隊に入って三カ月、四カ月経ったら、見違えるように変わって、親が泣いて喜ぶわけですよ。それで、「どういう風に教育しているんですか？」と聞かれるから、こう答えるんです。「日教組と真逆をやる」と。個人ではなく、まず公が主になる。米空軍のモットーは「サービス・ビフォー・セルフ」と言うんです。自分の事よりもまずサービス。これは、どこの軍隊でも普通なんですよ。「サービス・ビフォー・セルフ」――日本の学校教育で教えてますか？　多分、「個人・ファースト」「セルフ・ファースト」でしょう。そうすると、人を救うこと、国を救うことがどれだけ幸せであるか、ということを知らないまま、人生を送ってしまう。少なくとも自衛隊に入ると、人を救うこと、国を救うことに目覚めるわけです。

（「放言ＢＡＲリークス」よりまとめ編集）

先の佐藤氏の話に出てきた自衛官の言葉とこの織田氏の自衛隊における教育の話とは、好一対を為すものと言えるだろう。自衛隊における〝個人よりまず公〟という教育が、我が身を顧みず「被災者のために」汗を流す自衛官を作っているのである。今日の一般的な感覚からすると、なんだか胡散臭く感じられるかもしれない。

しかし、こんな言葉がある。「命ちもいらず、名もいらず、官位も金もいらぬ人は、仕抹に困るもの也。此の仕抹に困る人ならでは、艱難《かんなん》を共にして国家の大業は成し得られぬなり」――少なからぬ読者はどこかで聞かれたことがあるであろう。『南洲翁遺訓』にある「西郷どん」こと西郷隆盛の言葉である。そして西郷隆盛は、我が国最初の陸軍大将である。時代は変わっても、この精神はやはりまだ自衛隊に生きているのだろう。だからこそ、先の佐藤氏の話にあるような自衛官を生み、なんとか充足率もぎりぎり保っているのであろう。

しかし、自衛隊の教育にばかり期待しているわけにはいかない。上述したように、明らかに予算も足りない。私は我が国財政が極めて厳しい状況にあることは十分認識しているが、それでもトイレットペーパーすら不十分というのはひどすぎる。そして何より、戦後の自衛隊という存在には、位置づけに誤魔化しが多過ぎるのである。

織田氏は「自衛官の給料を上げれば応募者が増えるのでは？」という問いに対し、ズバリこう返している――「お金じゃないんですよ。国民のリスペクトがあれば」。

はっきり言うが、自衛隊は今の憲法上は、あってはおかしい存在なのだ。二〇一五年六月～七月にかけて朝日新聞が行なった調査によれば、憲法学者の六三％が自衛隊の存在は違憲、もしくは違憲の可能性があると答えている。今でもそうなのだ。だから、いつまで経ってもどこか日陰者の印象がぬぐえず、しばしば平然と「ヘイト」の対象になる。教師からあからさまなヘイト行為を受けた、織田氏の体験と提言を聴こう。

高校三年生の時、防大の受験に受かった時でした。私は兵庫県の明石高校出身なのですが、防大の受験時期は少し早くて、その後大阪大学にも受かりました。私は元々防大志望ですから「防大に行く」と言ったら、まわりの日教組の先生から呼び出されて、言葉のリンチを受けました。「お前はなぜ大阪大学に行かないんだ」「自衛隊は憲法違反で、人殺しの集団だぞ」「僕はお前をそのように育てた覚えはない」と。――愕然としました。（中略）

今、九二％の国民が自衛隊を認めていますが、毎年、自衛官の募集には苦労をしています。今年の募集も、まだ一年の募集定員を満たすことができていません。これも、自衛隊は宙ぶらりんの存在だということが影響していると思います。自衛隊を憲法に明記して、国民がしっかり支えなければいけません。

（『祖国と青年』平成三〇年四月号）

自衛官の充足率を高めるには、採用年齢幅を広げるという策も多少は有効かもしれない。待遇改善もあって良い。しかし、多少待遇改善をしたとしても、自衛隊という職場が俗に言われる３Ｋ職場であることは絶対に変わらない。

そして自衛隊に入ってくる者は、そうと知って入ってくるのだ。国のために、国民のために役に立ちたいと思って。そうだとすれば、充足率アップに一番必要なのは、やはりお金ではなく名誉であろう。織田氏の言う通り、自衛隊を宙ぶらりんの存在にしておいてはいけない。

自衛隊日報問題の問題点は何か？

『破滅へのウォー・ゲーム』（ＫＫダイナミックセラーズ刊）――この本が私のジャーナリストとしてのデビュー作だ。一九八五年、当時毎日新聞の写真記者だった私は、自費でアメリカの核戦争用地下司令部（ＮＯＲＡＤ）の取材を敢行した。

言っては何だが、毎日新聞の写真記者は安月給だ。貯金など、ほとんどなかった。それでも私は自腹を切って、休みを取って、アメリカの核戦略の中枢基地とシステムを取材した。そこまでしても、どうしてもやりたかったのだ。それが本になるとか、売れるとか、評価されるとか、そんなことはまったく考えていなかった。ただただ、やむにやまれぬジャーナリスト魂がなせる業だった。

幸いなことに、この本はある軍事の専門家から高い評価を受けた。その方の名は、小川和久氏。多くの読者はご存じであろう、軍事アナリストの第一人者である。小川氏とはその後も交流が続き、私が主宰する塾に講師としてお招きしたこともある。
さて、話は変わって、二〇一八年七月二二日に閉会した第一九六通常国会で、自衛隊に関してかまびすしく騒がれたのが、日報問題であった。野党もマスコミも「モリ・カケ」に続く格好の攻撃材料として激しい攻撃を続けていた。たとえば「朝日新聞」は、二〇一八年四月四日付社説で「イラク日報　陸自の隠蔽体質またも」と題して陸上自衛隊や安倍首相を糾弾。そのわずか二日後の四月六日付社説でも「イラク日報隠蔽疑惑　安保政策の土台が崩れる」と題して再び陸上自衛隊や安倍首相を激しく批判した。一部引用しよう。

見つかった日報は、現場の生の動きを伝えるもので、検証の基礎となりうる。防衛省は今月半ばまでに、資料要求した国会議員に開示するとしているが、「黒塗りばかり」というのは許されない。検証に資するよう最大限の開示を強く求める。（中略）
当時の小泉政権は「自衛隊が活動する地域は非戦闘地域」という強

引な論理で陸自部隊の派遣に踏み切った。しかしロケット弾などによる宿営地攻撃や、仕掛け爆弾による車両被害に遭遇したのが現実だ。

（中略）

イラク派遣に限らず、公の記録はあらゆる政策決定の検証に欠かせない。ずさんな管理は国会だけでなく、現在の、そして将来の国民への背信でもある。そのことを忘れてはならない。

（朝日新聞二〇一八年四月四日付社説）

「現地は非戦闘地域」という政府の説明と矛盾する記述を明るみに出したくないという動機はなかったのか。（中略）
公文書は政策決定過程を検証し、今後に生かす重要な資料であり、国民共有の資産である。国民の目の届かない自衛隊の海外活動を検証するためには、とりわけ日報は欠かせない。
（朝日新聞二〇一八年四月六日付社説）

これらを読むと、問題点は二つあるようだ。一つは、非戦闘地域ということで自衛隊を派遣したが、日報には「戦闘」と書かれているじゃないか。それを隠そうとしたんじゃないか。これが一点目である。もう一点は、公文書は国民の財産であり、自衛隊の日報も当然最大限開示せよというものだ。こうした観点から見ていくと「シビリアンコントロール（文民統制）の不全は目を覆うばかりだ」（同前）という怒りの声となる。

この社説でもそうだが、こういった報道では必ず「隠蔽」という言葉が使われる。「隠蔽」には悪いイメージしかないので、こういった報道を目にし、耳にした私たち一般人は、確かに自衛隊と政府のあり方に大きな問題があるようにも感じる。「これは絶対、意図的に隠蔽したんだよ。速やかに開示すべきだ」などと思ったりする。

ただ、自衛隊の南スーダンやイラクでの活動というのは、一般人では到底理解できない世界の話だ。オフィスでのデスク仕事や営業回りなどとはまったく次元が異なる。そこで、軍事のプロにこの問題をどうとらえたらよいのか、お話を伺ってみよう。まずは、先ほどご紹介した小川和久氏である。小川氏はメルマガ『ＮＥＷＳを疑え！』（二〇一八年四月一三日付）において、自衛隊の公文書についてまずズバリこう切り出す――「軍事組織である自衛隊の文書は、ほかの省庁の行政文書とは性格を異にするものです」。確かに、いわゆるお役所仕事の行政文書・公文書とはまったく性格が異なるだろう。ここからは、多少長くなるが、小川氏の説明を引用しよう。

現地の活動記録であり、軍事的には「戦闘速報」に位置づけられる日報にしても、それがまとめられて「戦闘詳報」となり、最終的には、平和の実現と国家国民の安全を図るために戦史を編み、教訓に学ぶという目的があるのです。戦史という言葉が嫌なら、自衛隊の活動の歴史的記録でもよいでしょう。（中略）

現地とのやり取りはもとより、日報に使われる用語にしても、国際的に首をかしげられることのない用語を使い、「戦闘」は「戦闘」として記述されるのが健全な在り方なのは、言うまでもありません。ところが、そのように記された日報を公表すると、必ず政治問題化してしまいます。（中略）

陸上自衛隊が派遣されていた二〇〇四年一月九日～二〇〇六年九月九日の二年八か月間に一〇回超（別の資料では一三回二二発）の砲撃があったということは、撃ち込まれたのは二か月半に一発の割合です。（中略）軍事に関する世界の常識に照らせば、二か月半に一発飛んできたとしても、戦闘地域などとはみなされないのです。

こんな日本の状況では、日報に「戦闘」という言葉が使われたというだけで、国会で追及され、マスコミにもたたかれることは明らかです。そこにおいては、公表しないようにしよう、破棄してしまおうという心理が働くのは避けがたい面があります。

（『NEWSを疑え！』二〇一八年四月一三日付）

危険な地域だからこそ自衛隊が行く

私たちの日常生活では、「二か月半に一発」弾が飛んでくるなどということはない。しかし、冷静に考えれば、確かにそのレベルの地域は軍事的には戦闘地域とはみなさないというのは妥当だろう。それは、たとえばシリア情勢などを思い起こせば明らかだ。戦闘地域というのは、それこそ毎日のように弾が飛んでくる地域なのだ。

それでも、自衛官は弾が飛んできた日には、日報に「戦闘」という言葉を書くこともあるだろう。「戦闘という言葉があるじゃないか！」という言葉狩りが横行する社会では、それこそそれに対する「忖度」が働きかねない。そうなると、正しい記録ではなくなってしまう。そうなってしまう方が問題ではなかろうか。先の四月一三日付小川氏のメルマガ『ＮＥＷＳを疑え！』のタイトルは、「自衛隊『日報問題』の背景に、『戦闘』という文字への過剰反応」である。私もその通りではないかと思う。

中には、「絶対に弾が飛んでこないところでなければ、非戦闘地域とは言えない。そういう地域でなければ自衛隊派遣はダメだ」と言う人もいるかもしれない。しかし、私は思う。そういう安全な地域の人道復興支援だったら、別に自衛隊が行かなくても、民間企業なりＮＧＯなりが行けばいいと。あえて言うが、危険な地域だからこそ自衛隊が行くのである。

『自衛隊幻想』（産経新聞出版）という本がある。著者は、陸上自衛隊特殊作戦群初代群長の荒谷卓、海上自衛隊特殊警備隊初代先任小隊長の伊藤祐靖、そして予備役ブルーリボンの会代表・特定失踪者問題調査会代表で拓殖大学海外事情研究所教授の荒木和博の三氏だ。現場を知り尽くした三氏の言葉には、マスコミや政治家のような表面的な言葉のお遊びではない、真実がある。

この本の中の三氏の鼎談部分に、この「自衛隊と危険」の問題について語られている部分があるので、少し引用しよう。

荒木　安保法制の議論のときは、この法案が成立しても自衛隊は「危なくない」とばかり言っていましたね。危なくないなら必要ないのではないかという感じさえしました（笑）。本来、危ないからやるわけです。

伊藤　中学生が聞いてもおかしいと気がつくようなこと、つまり、防衛大臣が「自衛官のリスクはない」と言い張った理由は、「リスクがある」と言ってしまったら「リスクがあるのになぜ自衛隊を出すの？」と聞かれたときに困るからでしょう。そのとき何も答えられないからだと、私はそう感じました。

荒谷　結局、その点を左翼に突《つっ》かれる。「危なくない」と言うから、「では危なかったらどうするんだ」と言われてしまうのです。そうではなく、「危ないんだ。危ないのがわかっていても、こういう目的のために必要なんだ」と言うべきです。

（『自衛隊幻想』産経新聞出版刊）

私もまったく同感である。危険な地域なのだ。しかし、危険を冒してでも出て行くのが自衛隊であろう。

自衛隊日報公開は世界の非常識

次は織田邦男氏の見方だ。織田氏は元イラク派遣軍航空部隊指揮官も務められており、イラク日報問題について説明してもらうには最適の人物だと言える。その織田氏は二〇一八年四月六日付産経新聞において、「南スーダン国連平和維持活動（ＰＫＯ）とイラク派遣の日報問題をどう分析しているか」という記者の問いに対して、このように答えている。

「イラクについてはまだ判断できないが、いったんは『破棄され不存在』とされた後に日報データが見つかるという経緯をたどった南スーダンは日報に『戦闘』という文言があったからではないかと推察している。自衛隊のＰＫＯ参加は紛争当事者間での停戦合意が前提だが、南スーダンでは政府軍と反政府勢力の衝突が相次いでいた。陸自は国会で問題にならないよう忖度《そんたく》して南スーダンの日報を破棄された扱いにしようとしたのではないか」
（産経新聞二〇一八年四月六日付）

小川氏と同じ見解である。国会で政治問題化しないように忖度して破棄されたことにしたという見立てだ。すると、確かに「隠蔽」はあったのだが、より根本の問題はその「隠蔽」を生む政治にこそあるのではなかろうか。先に紹介した荒谷・伊藤・荒木三氏の鼎談で明らかなように、政治があまりにもばかばかしいレベルで現実と向き合うのを拒否しているのだ。だから矛盾が生じ、それを糊塗しようとして「隠蔽」が発生する。野党はそれがわかっているから、喜び勇んでそれを政争の具とする。たびたび繰り返されるうんざりする自衛隊を巡る日本の政治風景である。

織田氏はさらに「情報公開のあり方と日報問題の本質は」という問いに対しては、こう答える。

「陸自に公文書管理への認識の甘さがあったことは否めないが、軍事作戦の戦闘速報にあたる日報を他省庁と同じ行政文書と位置づけ、情報公開の対象にしていることが正しいのか疑問だ。恐らく日本以外にはなく、欧米では永久保存とした上で三〇年後や五〇年後に完全開示しているという。」

「日本の情報公開法ではその都度、開示か不開示かを判断し、秘密保全上の問題があれば黒く塗りつぶして部分開示するのが原則だが、情報開示請求が相次げば選別は膨大になり、防衛省・自衛隊の機能は麻《ま》痺《ひ》しかねない。ましてや日報を書く隊員が戦闘という言葉を使わないよう忖度するようになれば、指揮官は状況を正確に把握できなくなり指揮を誤る。日報問題を政争の具にするのではなく、憲法の制約に伴うPKO参加の前提を見直すことまで含め問題の本質を直視すべきだ」

（産経新聞二〇一八年四月六日付）

織田氏は月刊『正論』平成三〇年六月号で「そもそも『日報』は公開すべきなのか」と題する論文を寄稿されているが、その中では「日報はいわば『戦闘速報』であり、（中略）『戦闘速報』の公開は手の内を晒すことになり、隊員の安全に重大な影響を及ぼしかねない」と述べている。織田氏の意見は先の小川氏と同じだが、織田氏はイラクの現場の指揮官として隊員の命を預かる立場にいた方だから、その言葉は一層重いと言えるだろう。

まったくその通りだと、私も思う。そもそも「日報」は公開すべきものではないのだ。それが世界の常識なのである（ちなみに、防衛省への文書開示請求は膨大な量に上っており、元防衛相の中谷元氏によれば、平成二八年度、防衛相への文書開示請求は約五〇〇〇〇件にもおよんだとのこと。行政機関全体の五八％が集中しており、このうち機械的な対応ですむ案件は二割程度しかなかったという。こんなことでは、織田氏が言うように「防衛省・自衛隊の機能は麻痺しかねない」）。

日本の自衛隊は「軍隊」ではなく「警察」

充足率の次に日報問題を取り上げたのは、最近の話題であったからという理由だけではない。この問題に、戦後憲法体制下における自衛隊という存在の異様さが象徴的に表れていると感じたからである。

自衛隊がもし他国と同じように普通の「軍隊」であったなら、危険な地域はもちろんのこと、戦闘地域であっても赴くのは当然だ。当然であるから、それを隠蔽する必要もない。しかし、日本の自衛隊は「軍隊」ではない。

織田氏は正直にこう白状する。「現役の時には決して言えませんでしたが、憲法を素直に読めば、自衛隊は違憲の存在だと思います。元々マッカーサーが憲法を作った時には、自衛隊の保持など想定していませんから。その後、言い方は悪いですが、なし崩し的に自衛隊を持った。『自衛隊は違憲か、合憲か』という不毛の神学論争は、すべてそこに起因しています」（『祖国と青年』平成三〇年四月号）。そう。確かに憲法を素直に読めば、自衛隊は違憲に見える。
そして法学者はズバリ、自衛隊は「軍隊」ではなく「警察」だと言い切る。
国士舘大学特任教授の百地章氏は、次のように述べる。

憲法第九条は一項で侵略戦争を放棄し、いわゆる平和主義を宣言、さらに第二項で「一切の戦力の保持を禁止」している。その結果、憲法上、自衛隊はあくまで「軍隊」ではなく、警察組織に過ぎないとされている。

（週刊『世界と日本』二〇一五年四月六日号　内外ニュース刊）

では、「軍隊」と「警察」の違いは何か。百地氏は「ネガティブリスト」と「ポジティブリスト」の違いだと述べる。一般の方にはおそらくなじみのない、この「ネガティブリスト」「ポジティブリスト」とは何なのか。
警察というのは、法的に統治されている国内において、法を破る存在を取り締まり、治安を守る役割を担っている。法的に統治されている国内で国民に対して実力を行使するわけだから、法律に書かれていることしかできない。原則として制限的なものとされており、警察権の発動は、その障害を除去するため必要最小限度に留められなければならない。法的に〝できること〟を規定する――これを「ポジティブリスト」方式と呼ぶ。

一方、軍隊が実力を行使する国際社会。国際法はあるにはあるが、統一権力が存在し、管理統治されているというわけではない。いざという時には、自力救済でなんとかしなくてはならない。だから、軍隊は主権と独立が侵されそうな時には、それを守るために自由に行動できる。ただし、だからと言って何でもOKというわけではない。やってはいけない事柄がある。たとえば、非人道的兵器の使用禁止・捕虜の虐待禁止・あるいは非軍事施設への攻撃の禁止……などである。こういう風に〝できないこと〟を列挙するのが、「ネガティブリスト」方式だ。

そして、現在の自衛隊はあくまで「軍隊」ではなく「警察」の延長線上にある存在だから、「ポジティブリスト」方式を採用している。それでは、「ネガティブリスト」と「ポジティブリスト」——実際国防の現場ではどのような違いを生むのだろうか？　軍事ジャーナリストの潮匡人氏は、航空自衛隊で織田氏の後輩にあたる人物（一一年勤務後、三等空佐で退官）だが、早稲田大学院法学研究科修士課程修了という学歴を持つ変わり種だ。だから自衛隊の現場を知るだけでなく、法律にも通じている。その潮氏は「ポジティブリスト」の自衛隊の異様さをこのように説明する——「〝～していい〟という規定以外は一切の作戦行動が禁じられます。自衛隊は法律上の根拠規定がないと一切の身動きが取れず、機動的な活動ができません。世界の軍隊から見ても極めて特殊な規定です」（SAPIO二〇一六年八月号）。

たとえば領海侵犯した軍艦や潜水艦に対し、世界の軍隊と自衛隊の対応は異なる。潮氏の説明を聴く。『『他国の軍隊は、まず相手に警告し、従わなければ警告射撃や爆雷を落とすなどの手段を講じ、最終的には撃沈を含めた措置を取る。一方、平時の自衛隊に認められているのは、ポジティブリストである警察官職務執行法七条などに準じる警察権の行使であり、相手に対し、正当防衛または緊急避難の要件に該当する場合以外は、相手に危害を加える武器使用はできない。相手が発砲するか、その素振りを見せるまで、武器は使えません』。任務中にテロ行為を受けた隊員に許されるのも、正当防衛としての武器使用だけであり、軍隊としての組織的な『武力行使』はできない。そればかりか、警察官同様、後に過剰防衛で起訴されることもある」（同前）。

驚かれた読者もいるだろうが、自衛隊は一見したところ「軍隊」に見えるが、法的には「軍隊」ではなく「警察」なのである。

「有事」になれば自衛隊は「軍隊」になれるが……

ただし、前出の百地章氏は「いざ『有事』となれば、自衛隊は現状でも軍隊として侵略に対処することは可能である」（産経新聞二〇一七年一二月二六日付）と説く。というのも、外国から武力攻撃（侵略）があり、いざ「防衛出動命令」が下された場合には、自衛隊は「国際の法規および慣例」に従って行動し（自衛隊法八八条二項）、「わが国を防衛するため、必要な武力を行使することができる」（同一項）。自衛隊法にこう定められており、だからいざ「有事」となって「防衛出動命令」が下されれば、自衛隊は「警察」から「軍隊」に変身し、国際法上の「軍隊」として侵略に対処できるというのである（なお、今まで自衛隊に「防衛出動命令」が下されたことは一度もない。つまり、今まで自衛隊が「軍隊」になったことはないのだ）。

ここまで読まれた読者は、「ああ、そうか」と納得されたかもしれない。いざとなれば自衛隊は戦えるのだと。しかし、そう簡単にはいかない。たとえば尖閣問題だが、尖閣諸島に中国人民解放軍が攻めてくる、ようなことはまず考えられない。中国はそんな馬鹿なことをするはずがない。そんなことをすれば、「防衛出動命令」が発令されて自衛隊は「軍隊」に変身してしまうし、第一、現状では日米安保条約まで発動して米軍まで動き出してしまう。

では、現実にはどういう事態が考えられるのか。「グレーゾーン」事態である。

『浅井隆の大予言〈下〉』にも書いたが、中国には海警や海上民兵といった正規軍ではない武装組織が存在する。これらを使うのである。正規軍の武力攻撃でなければ、自衛隊への「防衛出動命令」は出せないし、日米安保の発動も無理だ。そういう「グレーゾーン」事態が生起した時、現状では我が国は対処できない。自衛隊は、「軍隊」に変身できないのだ。再び、百地章氏の解説を聴こう。

自衛隊が軍隊でないためさまざまな支障が生ずるのは、特に「平時」および平時から有事にかけての「グレーゾーン」といえよう。とりわけ問題となるのが、武装ゲリラや漁民に扮（ふん）した海上民兵の強行上陸および我が国領土の不法占拠である。

このような事態においては「防衛出動」はできず、海上保安官や警察官に多大な犠牲が発生したり、警察力をもってしては対応できない場合しか自衛隊は出動できない。しかも、「海上警備行動」が発令されたり、「治安出動」が下命されたとしても、あくまで「警察」としての

「武器使用」しかできない。

この点、自衛隊がもし軍隊であれば、一度「尖閣諸島防衛命令」が下された場合、平時から有事にいたるまで、国際法および交戦規則（ＲＯＥ）に従って隙間なく自由に行動できる。

（産経新聞「正論」百地章　二〇一七年一二月二六日付）

「グレーゾーン」事態の発生時においては、仮に自衛隊に出動命令が出されたとしても、それは「防衛出動」ではなく「海上警備行動」や「治安出動」であり、それでは自衛隊は「軍隊」に変身できない。「警察」のままなのだ。

加えて、「わが国が憲法上保持できる自衛力は、自衛のための必要最小限度のもの」であるため、自衛隊は兵器も制限されている。中国や北朝鮮が保持、あるいは開発中の大陸間弾道ミサイル（ＩＣＢＭ）や長距離戦略爆撃機・攻撃型空母などは、自衛隊は保有できない。さらに、憲法で交戦権を否認しているため、中立国船舶の臨検、敵性船舶の拿捕などを行なうこともできない。

そればかりではない。元海上自衛官で潜水艦「あらしお」艦長や護衛艦隊幕僚・情報本部分析官・幹部学校教官などを歴任した中村秀樹氏は、「国民を守った自衛官は、殺人や傷害で起訴される可能性が高い」（ＢＥＳＴ　ＴＩＭＳ）と訴える。先に述べたように自衛官は、「海上警備行動」や「治安出動」時において、「警察官職務執行法」に基づき正当防衛や緊急避難の場合のみ、最小限の武器使用が認められている。しかし、この正当防衛――刑法三六条一項には「急迫不正の侵害に対して、自己又は他人の権利を防衛するため、やむを得ずにした行為は、罰しない」と規定されているが、中村氏は実際には正当防衛の認定、刑法における急迫性や不正（違法）な侵害の認定は厳しいという。

中村氏の指摘の最大のポイントは、自衛官の「海上警備行動」「治安出動」時の武器使用が、一般人の正当防衛時における武器使用と同様に法的に裁かれるということだ。

「国民を守るためでも武器は使えない」――これは中村氏のような現場を知る識者ばかりの見解ではない。防衛事務次官自身の発言が、防衛省のホームページに掲載されている。平成二一年一月二九日の次官会見だ。

Ｑ：今おっしゃっている海上警備行動の中の武器使用基準である危害射撃ができるのが正当防衛・緊急避難ということですが、例えば海上自衛隊の護衛艦が守る日本関係の船が海賊の襲撃を受けそうだと、それで海賊に対して何らかの手を打たなければいけないというときには、それは緊急避難で武器の使用はできるということでしょうか。

Ａ：正確に言うと、刑法三六条正当防衛、刑法三七条緊急避難の要件に該当する場合ということでございます。例えば今質問の中の例だけでそれが緊急避難の要件に直ちに該当していると言い切れるのかどうかというのは、なかなか難しい面があろうかと思います。（中略）正直言ってシンプルに日本関係の船舶を守る為に武器を使用することができるという構造には厳密な意味ではなっていないのではないかと思っているところでございます。

（防衛省ホームページ）

つまり、自衛隊は海上警備行動時に日本の船舶を守るために武器使用できるかどうかはわからない。やるとすれば、犯罪覚悟でやらざるを得ないということだ。

中国にしろ北朝鮮にしろ、このように自衛隊が法的に縛られていることは百も承知だ。一方、向こうは国際標準の何の縛りもない軍隊だ。さらに中国の場合は、軍隊並みの装備を持つ非正規武装組織も存在する。その上で、彼らは自由に軍事力を強化し、自由に戦略・戦術を立てることができる。

ついでに言えば、日本で大騒ぎになった集団的自衛権だって、行使しようと思えば何の制約もなく「フルスペック」で行使できる（ちなみに、大騒動の末「限定的行使」が可能になった我が国の集団的自衛権であるが、それでできるようになったとされる米艦防護も「正当防衛」「緊急避難」の場合に限定されている。それに該当しない場合は「危害を与えてはならない」と定められているのだ。米艦防護も犯罪覚悟でなければできないということである）。

普通に考えて、これだけ法的に縛られている自衛隊、および我が国の置かれている状況は、圧倒的に不利である。

自衛隊に関する法的問題点はまだまだある。二〇一八年五月二九日付ダイヤモンドオンラインは、『軍法会議のない「軍隊」』（慶應義塾大学出版会刊）を著した慶應義塾大学名誉教授・霞信彦氏の言葉を引きながら、「軍法」の必要性を訴えている。軍法などというと、一般の感覚からするとなにやら恐ろしい感じがするが、イメージ先行で勘違いしてはいけない。この記事によれば、「自衛隊は元々戦うことを前提にしていないため、仮に北朝鮮などと交戦状態になった場合、すべてが「超法規的措置」とされてしまう恐れもある」（ダイヤモンドオンライン二〇一八年五月二九日付）というのだ。

今から四八年前の一九七〇年、東大法学部法律学科を卒業した作家・三島由紀夫は自衛隊市ヶ谷駐屯地で自決したが、その時の檄文にはこのような表現がある——「法理論的には、自衛隊は違憲であることは明白であり、国の根本問題である防衛が、御都合主義の法的解釈によってごまかされ、軍の名を用いない軍として、（中略）もっとも悪質の欺瞞の下に放置されて来たのである」。今もその状況は変わらない。

北のミサイルで二〇〇人死んでも「防衛出動」はできない？

自衛隊に「防衛出動命令」が出され、自衛隊が「軍隊」になる――そのハードルは高い。「防衛出動命令」が出されないのは「グレーゾーン」事態ばかりではない。読者は、この「防衛出動命令」を出すのが誰か、ご存じだろうか。そう、内閣総理大臣である。政治家だ。

すでに述べた通り、今まで「防衛出動命令」が発令されたことはない。発令するとすれば、大変な決断だ。しかも、防衛出動を命じるに当たっては、国会の承認を得なければならない。

この国会の承認は、特に緊急の必要があり事前に国会の承認を得る時間がない場合を除き、事前に得なければならない。今であれば、立憲民主党や日本共産党は当然反対するだろうから、国会は大荒れになるだろう。与党内でも公明党は反対するかもしれない。それを押し切って、あるいは説得して、史上初の「防衛出動命令」を出せる政治家が、果たして本当に出てくるだろうか。まして、自民党がもし下野し、立憲民主党あたりを中心とした連立政権にでもなっていれば、「防衛出動命令」に踏み切ることはないだろう。

二〇一八年三月一四日付「日経ビジネスオンライン」は、「北がミサイル一発撃っても自衛隊は出動できない？」という記事を掲載した。元自衛艦隊司令官（海将）の香田洋二氏に対するインタビュー記事だ。北のミサイルが日本本土に撃ち込まれ、二〇〇人死者が出ても、自衛隊に「防衛出動命令」は出せないのではないかというのだ。

なぜか？　それは、第二次安倍内閣が二〇一四年七月一日に閣議決定した「武力行使の新三要件」の縛りによる。この新三要件は、平和安全法制の集団的自衛権論議の中で示されたものだ。日本が武力を行使するのは、こういう場合に限定されますよという要件を三つ挙げている。香田氏は、この新三要件に関してもどうによってどう解釈するか、要件に該当しないのではないかというような議論があぁだこうだと出され、先に進めないのではというのである。

■武力行使の新三要件

(1)我が国に対する武力攻撃が発生したこと、又は我が国と密接な関係にある他国に対する武力攻撃が発生し、これにより我が国の存立が脅かされ、国民の生命、自由及び幸福追求の権利が根底から覆される明白な危険があること(存立危機事態)

(2)これを排除し、我が国の存立を全うし、国民を守るために他に適当な手段がないこと

(3)必要最小限度の実力行使にとどまること

政府は(1)の「武力攻撃」について、「一般に、一国に対する組織的計画的な武力の行使をいう」と国会で答弁している。この「組織的計画的」というのが問題になるのだ。

香田氏は、北朝鮮がミサイルを一発発射して東京に着弾し、二〇〇人亡くなったという例で説明する。普通の感覚では、即「防衛出動」ではないかと思

うのだが、香田氏はこれまで国会でなされてきた論議からすると、一発だけの発射・着弾であれば、これは組織的でもなければ計画的でもないと判断されるという。確かに、国会での野党やマスコミのもの言いからすると、「一発で組織的計画的攻撃に該当するのか！」と激しく主張しそうだ。野党やマスコミの攻撃にさらされた政府が、「厳重に抗議する」あたりを落としどころにするというのは、大いにあり得ることだ。

さらに香田氏は、組織的かどうかを判断するために、北朝鮮軍に対日攻撃命令が出ているか確認すべきだとの真面目な議論も浮上するという。もちろん、そんなこと確かめようがない。もっと言えば「北朝鮮が撃ったとなぜ確定できるのか」と主張する人すら現れかねないという。

香田氏は、その時の政権が安倍政権のような安全保障の立場が明快で意思決定が速い政権であればよいが、腰が定まらない政権であれば日本が国として組織的な対応が取れずにいるうちに、第二、第三の攻撃を受ける。被害が甚大な規模になってようやく、これは組織的計画的に該当すると判断して、防衛出動を発令する。そんなことになりかねないという。

香田氏はさらに、散発的攻撃の前に自衛隊がまったく手を出せない事態まで懸念する。つまり、攻撃側が我が国の厳しい武力攻撃の定義や武器使用要件を熟知していた場合、散発的攻撃――撃って、止める。また、しばらく経ってから撃って、止める――といった戦術をとることも考えられるのだ。

ここでまた、「組織的計画的」と見なしてよいかどうかが、時の政府によって検討される。国会でも議論される。そのバカげた議論が目に見えるようだ。確かに「防衛出動命令」に踏み切れるかどうか、不安を感じざるを得ない。香田氏は、相手側は、防衛出動が出ない自衛隊をしり目に、まったく反撃を受けることなく、安全に日本を攻撃することができる事態もあり得るという。

先にも述べたように、「防衛出動命令」を発令する首相は、歴史的な責任を背負うことになる。歴史上初めて自衛隊を「軍隊」にした首相となるのだ。この決断はあまりにも重い。もしかしたら、「戦争に踏み切った首相」として、東條英機のような極悪人のレッテルを末代にわたって貼られることになるかもしれない。それを考えれば、立憲民主党などが政権の座に就いていた場合はもちろん、自民党政権であっても「防衛出動命令」に踏み切るという選択は回避し、別のやり方でお茶を濁そうとする可能性は決して低くはないのではないか。世界標準から見れば非常識な自衛隊日報問題論議を思い起こしてみても、この香田氏の指摘は決して杞憂ではないであろう。

「ガラパゴス化」という言葉がある。日本の技術やサービスなどが、世界標準とは異なる形で国内に最適化するように独自の発展・進化を遂げていることを意味するが、こと安全保障・軍事に関しては、日本の政治家はまさに「ガラパゴス化」した生物の典型ではなかろうか。

自衛隊の諸問題を考える

ここまで、自衛隊に関する最大の問題点――信じられないレベルの法的不備に置かれていること――について述べてきたが、ここで少し、その他の問題点についても取り上げよう。

①装備に関する問題点

自衛隊の装備と言えば、最近話題なのはなんと言っても地上配備型ミサイル迎撃システム「イージス・アショア」だ。しかし、日本を北朝鮮や中国のミサイルから護るこのシステム。今のところ、あまり評判は芳しくない。

二〇一八年六月二二日、菅義偉内閣官房長官が記者会見で北朝鮮の弾道ミサイル発射に備えた住民の避難訓練を「当面は中止する」と発表した。一方、同日に小野寺五典防衛大臣は「イージス・アショア」を配備する候補地の山口、秋田両県を訪ね、「北朝鮮の脅威は変わっていない」と必要性を述べた。このことが「矛盾」するというトーンで報道するマスメディアは多い。一般に左派系とされる朝日や毎日はもちろんだが、中立的とされる日本経済新聞も、そのような論陣を張った。七月一三日付日本経済新聞「真相深層」欄「ミサイル防衛『矛盾』なぜ　北朝鮮警戒縮小でも陸上イージス配備」である。

これに対して織田氏は七月一八日付「JB PRESS」で明確に反論した。タイトルは「そんな知識レベルで大メディアと言えますか？　北朝鮮の核廃棄はあり得ない、安全保障は長期的視点で」。

織田氏はこう述べる。「『警戒態勢の縮小』という短期的な事象と『情勢見通しと防衛力整備』という長期的な事柄を同じ土俵に載せて批判する『矛盾』に気が付いていないとしたら、程度は相当低い」（JB PRESS二〇一八年七月一八日付）。政府の「矛盾」を指摘する日本経済新聞に対し、目先の短期の動きと長期の備えとをごちゃ混ぜにする「矛盾」を指摘して、スパッと切り返している。

そもそも、米朝首脳会談が終わったが、現時点では「非核化」はまったく進んでいない。パフォーマンスだけだ。それどころか、八月三日に国連に提出された北朝鮮制裁を監視する専門家による報告書によれば、北朝鮮は国連安全保障理事会の制裁を潜り抜け、核・ミサイル開発を継続しているという。

織田氏は、はっきりと「金正恩委員長が核を全廃することはないとみている」と述べる。その理由は明確だ。北朝鮮の「通常兵器の、旧式化、陳腐化は著しく、もはや現代戦を戦える能力はない」。だから、「現在の通常戦力だけでは北朝鮮は守れない。核がなければ、いわば『非武装』に近い状態であり、金王朝体制を守る術はない。恐怖政治の独裁者がまさか『平和を愛する諸国民の公正と信義に信頼して』自分の安全保障を確保しようと考えるわけはないだろう」。そして織田氏は、二〇一六年夏に亡命した元駐英北朝鮮公使太永浩の言葉を引く。「一兆ドル、一〇兆ドルを与えると言っても北朝鮮は核兵器を放棄しない」。

そして織田氏は、今後の北朝鮮の動きを次のように予測する。『『非核化』を装いつつ、核兵器、弾道ミサイルの一定数の隠匿を図るに違いない」。そして隠匿は可能だという。なぜなら、「リビアでCVID（編集部注：完全かつ検証可能で不可逆な非核化）が成功したのは英国MI-6のHUMINT（編集部注：Human Intelligence 人間を媒介とした諜報活動）能力に負うところ大だった」が、「北朝鮮に対する米国のHUMINT能力は皆無に近い」からだ。確かに、あれほど閉ざされた国に対する人的諜報活動は、米国といえどもほぼできないだろう。

ちなみに、一方の「イージス・アショア」の方は、契約に始まり、製造・搬入・運用試験・教育訓練・不具合修正など、今年度導入が決定されても、現実の迎撃能力を発揮できるようになるまで最短でも五～六年の歳月が必要なのだ。織田氏は問う。「五～六年先の北朝鮮情勢を正しく見通せるのだろうか。その時にはイージス・アショアが不要な情勢だと誰が現時点で言い切れるのか」（以上ＪＢＰＲＥＳＳ二〇一八年七月一八日付）。

日経の論説と織田氏の反論、どちらに軍配が上がるかは明らかであろう。

ただ、「イージス・アショア」に関しては、その費用を問題視する声は各方面から上がっている。もっとも保守的な論調で知られる産経新聞すら「陸上イージス二基六〇〇〇億円超　防衛省試算　施設費含め想定の三倍」（二〇一八年七月二三日付）と報じた。前出の桜林氏も「イージス・アショア」の必要性は認めつつも、費用の問題を指摘する。「米国から直接買う装備品は、日本の商社も関与しないことが多く、価格高騰のハンドリングが困難である。維持コストも現時点で予測不能なため、自衛隊の他の予算を圧迫する可能性大なのだ」（ＺＡ

ＫＺＡＫ二〇一八年七月二日付）。

この点に関しては、織田氏も「同じものをルーマニア・ポーランドも購入しているから、それほどは吹っ掛けられないだろう」としながらも、我が国が導入しようとしているレーダーは最新鋭のものでこれは先の二国も購入していないから、これに関しては吹っ掛けられる可能性は否定できないとしている。

また、軍事ジャーナリストの清谷信一氏は二〇一七年九月三日付「東洋経済オンライン」において、「防衛省・自衛隊の装備調達人員は、少なすぎる」という問題提起をしている。清谷氏はこう指摘する。

防衛装備庁の人員は総兵力二四万七〇〇〇人に対して約二〇〇〇人だ。他国の国防省や軍隊と単純比較はできないが、予算規模や人員の規模が近い英独仏などの主要国の国防省と比べると、人員が一ケタ少ない。

総兵力一五万五〇〇〇人の英軍を擁する英国防省の国防装備支援庁

の人員は約二万一〇〇〇人（対外輸出関連部門はＵＫＴＩ、通商投資庁に分離統合されたので、実態はさらに大きい）。兵力がわずか二万二〇〇〇人のスウェーデン軍の国防装備庁ですら三二六六人を擁している。（東洋経済オンライン二〇一七年九月三日付）

日本は総兵力に対して装備調達人員が少な過ぎるのだ。

さらに、自衛隊のミサイルや弾薬不足を指摘する声もある。しかし、織田氏はそういう声に対し「現場のことがわかっていない」と一蹴する。「作戦戦闘の勝利に必要な弾薬・火器などの量を示す単位」を「ＢＬ」と言い、防空戦闘では一出撃してミサイル八発全部撃って帰ってくるのを一ＢＬという。

しかし、織田氏によれば「防空戦闘でミサイルを八発撃つ、などということはあり得ない」という。ミサイルを撃つのはワンチャンスで、ミサイルが飛び交う防空戦闘などないというのだ。しかも、これは織田氏が現役で防衛力整備をやっていた頃の話だが、空自はミサイルを三・五ＢＬ備蓄していた。そんな国はどこにもなかったとのことだ。第一、日本は防空だけで、攻撃はしない。それなのに、そんなにミサイルを持ってもどうしようもない。ミサイルも古くなって陳腐化すると捨てるしかなくなるとのこと。言われてみれば確かにそうだ。私たち一般人の感覚からすれば、災害用の食糧備蓄のようなものだろう。あれも古くなって賞味期限を超えたら、捨てるしかない。

②米軍の補完部隊で独自の実力は？

実は私は個人的に、自衛隊の独自対応能力に不安を覚えていた。自衛隊はその生い立ちからして、あくまで米軍の補完部隊であり、フルの戦闘能力を持っていない。特に海上自衛隊は、対潜能力と機雷掃海能力は世界トップだが米軍の補完部隊的性格が強いのではないか。独自の対応能力はどれくらいのものだろうか。この点につき織田氏に尋ねてみたところ、その回答は次のようなものだった。

「米軍の補完部隊的性格であるかどうかは、陸・海・空の軍種によって全然違う。海自は米第七艦隊を補完する勢力であることは確かだ。第七艦隊が弱い対潜水艦能力はピカ一だし、機雷掃海能力に至っては実は第七艦隊は持っていない。言い方を変えれば、全体として海上自衛隊なくしては、米海軍は東アジア近辺で作戦できない。また、海自と米海軍との一体的つながりというのは、こんなメリットも生んでいる。それは先に取り上げたコストの面だ。海自のイージス艦の価格は、米海軍のイージス艦の価格とほぼ一緒なのだ。

では、空自はどうかというと、日本の防空に関しては米空軍はまったく関知していない。一九五九年に締結された『松前・バーンズ協定』により、日本の領空侵犯に対しては、米空軍は対処しないとはっきり決められた。だから、日本の防空は完全に航空自衛隊の任務であり、そして防空能力の点で言えばミサイル防衛も含めて我が国ほどの国はないと言ってよい。防空システムを有機的に機能させる能力は相当のものがあるし、ミサイル防衛が完備しているのは実は日本ぐらいだ。ただ、対地攻撃能力・敵地攻撃能力はほとんどゼロに近い。

また、訓練レベルは諸外国との比較で言っても極めて高い。自衛隊は米軍など諸外国の軍隊と共同訓練をするが、そうすると「自衛隊と共同訓練するとすごくためになる」と言われる。「ルール・オブ・エンゲージメント」を厳しく守る。安全に訓練ができる、と。米軍などは「今度はインドと共同訓練やる。危なくてしょうがない」などとも言っていた。ディシプリン（訓練・規律）はイスラエルと並んで世界一ではないか。

こういう感じであるから、全体として、自衛隊はそれなりの実力を持っていると言えるのではないだろうか」

織田氏が自衛隊OBであることを差し引いても、自衛隊が現状においては米軍の補完部隊であるということは必ずしもマイナスに評価すべきものではなく、また様々な点で世界トップレベルにある面も少なくないようである。

それに、考えてみれば米軍の力を想定しないという話になると、「個別的自衛権」だけで対処するということになるが、そもそもそんな国は世界でも極めて限られている。永世中立国・スイスくらいのものだ。

多くの日本人はスイスを、「アルプスの少女・ハイジ」のようなイメージでとらえているが、実際は国民皆兵制（徴兵制）の重武装の国だ。各家庭には自動小銃が貸与され、核シェルターの普及率は一〇〇％である。二〇一三年にコストが掛かり過ぎることが問題視され、徴兵制廃止に関する国民投票が行なわれたが、七三％という圧倒的多数で、かつ二六のスイス全州で徴兵制廃止が否決された。個別的自衛権だけやっていくというのは、そこまで決然とした覚悟が必要なのだ。

今の日本では、到底考えられない。少なくとも今後一〇年先くらいまでは、日本の国防はやはり日米安保を基軸として、それをいかに活かして行くかということを考えるのが現実的であろう。

③統合運用はうまくいっているのか？

二〇〇九年から有事や大規模災害時などの必要に応じて、陸・海・空のうち二つ以上を単一の司令部の指揮下に置き、統合運用を行なう統合任務部隊（Joint Task Force 略称：ＪＴＦ）が編成されるようになった。

二〇〇九年四月、北朝鮮によるミサイル発射実験に際してＢＭＤ（弾道ミサイル防衛）統合任務部隊が編成された。これが初めて編成されたＪＴＦである。これ以外では、平成二三年東日本大震災災害派遣や平成二八年熊本地震災統合任務部隊などもＪＴＦによるものであった。

これでわかるように、今は任務ごとに「その都度」ＪＴＦ司令官が指定され、防衛大臣が司令官に命じて作戦が為される形になっている（ちなみに、ウィキペディアなどではＪＴＦは「統合幕僚長の下に」と説明されているが、実際は統合幕僚長が指揮官ではない。指揮官はあくまで防衛大臣であり、統合幕僚長は防衛大臣の幕僚、指揮官補佐に過ぎない）。

しかし、織田氏はこのあり方に疑問を呈する。「その都度」でよいのか、それで機能するのか、と。現在ある統合幕僚監部は、司令部ではない。織田氏は常設統合司令部を置く必要があるという。

現在、我が国が想定しなければならない有事は、やはり北朝鮮有事、そして尖閣などの中国有事であろう。これらの状況は、今すでに徐々に進展しつつある。何か重大な事態が生起してからＪＴＦを編成するというのでは、確かに遅い感は否めない。この点も検討課題であろう。

残念ながら、自衛隊は戦えない

さて、本章のサブタイトルは、「(自衛隊に) どれくらいの戦闘能力があるのか」である。ズバリ言おう——「ない」。なぜなら、「陸海空軍その他の戦力は、これを保持しない」と憲法九条に明確に謳っているからだ。

「いや、そうじゃなくて、実際どれくらい戦えるかだよ」と言う人もいるかもしれないが、本章で見てきた通り、自衛隊には各国の軍隊にはない様々な異様な法的縛りがあり、実際に軍隊として動くことは極めて難しい（そして今まで「軍隊」になったことが一度もないことはすでに述べた）。だから自衛隊は、平時においては良い、あるいは災害時には大いに貢献する。

しかし、本当の有事が発生したら動きようがないのだ。もしまともに動いたならば、それは「超法規的措置」にならざるを得ないだろうから、自衛官は犯罪者になったり、部隊は二・二六事件のようなクーデター部隊となってしまう可能性が高い。

戦後の日本人の思考は、「戦争はあってはならないもの」でストップしている。万一の様々な事態を考えることを拒み、それが平和への道だと信じ込んでいる人は今も決して少なくない。しかし、改めて中国や北朝鮮の軍事力増強の話を持ち出すまでもなく、それは〝虚構の世界〟である。

かつて、評論家の江藤淳は一九八〇年に発刊された『一九四六年憲法——その拘束』（文藝春秋刊）の中で次のように述べている。「われわれは、虚構にたよらずに、かならずしも『平和を愛する諸国民の公正と信義に信頼』するわけにもいかないこの現実の世界のなかで、自らの『安全と存続』を維持する道を求めなければならない。だが、しかし、『本来その主権に固有の諸権利を放棄』したままで、それが果たして可能だろうか？」——残念ながら、この言葉は今もまだ生きている。

第四章　徴兵、皆兵の歴史と世界の実情

理想や信念を見失った者は、戦う前から負けていると言えよう。廃人と同じだ。理想を持ち、信念に生きよ！

（織田信長）

欧州で高まる徴兵制復活の動き

今、ヨーロッパで徴兵制を復活させようという動きが相次いでいる。

スウェーデンでは二〇一八年一月より徴兵制を八年ぶりに再開した。約一〇万人の一八歳の男女から試験、適性検査により毎年四〇〇〇人を選抜し、約一一ヵ月の兵役を義務付けるという。二〇一〇年に廃止した徴兵制を復活させたのは、ロシアの軍事的脅威が高まったためだ。ロシアはウクライナ侵攻後、バルト海域などで軍事演習を繰り返している。スウェーデンは北大西洋条約機構（NATO）にも加盟しておらず、危機感を強めている。戦争を想定したパンフレットを全世帯に配布し、備蓄などの備えを呼び掛けるという。ロシアをめぐってはバルト三国（エストニア・ラトビア・リトアニア）でも緊張が高まっており、リトアニアも二〇一五年に徴兵制を再開している。

二〇〇一年に徴兵制を廃止したフランスも、再導入に動く。徴兵制復活はマクロン大統領が大統領選で掲げた自身の公約だ。一八～二一歳の男女全員に約一ヵ月間、軍事訓練などを経験させるというものだ。二〇一九年に試験的に再開し、二〇二〇年に本格的に再開する案が出ている。

また、ドイツでは、徴兵制の復活を掲げる極右政党「ドイツのための選択肢（ＡｆＤ）」が一七年の連邦議会選挙で第三党に躍進した。メルケル首相は徴兵制再開に反対しており、国民世論も再開を支持する声は今のところ少数派だが、国の安全保障をめぐり不安が広がりつつあることは間違いない。

実は欧州では近年二二一ページの図にあるように、多くの国が徴兵制の廃止を進めてきた。冷戦終結を受け安全保障環境が安定化する中、軍事費よりも他の経済政策などに予算を配分すべきだという機運が高まったことが大きい。しかし、ここに来てロシアの軍事的脅威に加え、相次ぐテロがヨーロッパ各国の安全保障や治安への不安を高めており、それが各国を徴兵制復活へと駆り立てているのだ。

この動きは、我が国にとっても他人事ではない。国際世論の批判をよそに核

ヨーロッパにおける徴兵制廃止と復活の動き

1995年	ベルギーが廃止
1996年	オランダが廃止
2001年	フランス、スペインが廃止
2004年	イタリアが廃止
2009年	ポーランドが廃止
2010年	スウェーデンが廃止
2011年	ドイツが休止
2018年	スウェーデンが再開
2019年	フランスが試験再開

実験、ミサイル発射実験を繰り返した北朝鮮、軍備を拡張し領土的野心を鮮明にする中国など、我が国を取り巻く安全保障環境は厳しさを増している。

このような状況にも関わらず、日本人の防衛に関する危機意識はほとんど高まらない。当然、欧州のような徴兵制を再導入する動きはまったくない。もちろん、徴兵制導入も含め軍備の増強には重い財政負担を伴うし、ただ単に徴兵制の導入が最善の選択とは言い切れない。ただ、地政学リスクがこれほど高まる中で、そのような議論すら高まらないのはやはり問題だと言わざるを得ない。

そこで本章では、欧州が再導入を進める徴兵制への理解を深めるため、徴兵制の歴史と現在の世界の徴兵制の実情について解説したい。

世界の徴兵制の歴史

■中国

国民に兵役義務を課す制度は、古代から存在する。たとえば、中国では同国の史書に記された最古の王朝「夏」まで遡ることができる。夏王朝の徴兵制は有事に徴集され、平時に解散する仕組みであった。木、石、骨、青銅などで作られた武器を用いて戦う「歩兵」と、戦車を用いて戦う「車兵」とで編成されていた。

その後、時代が進むにつれ軍隊内の階級制が進み、軍隊の規模も拡大して行った。戦国時代には、各国は徴兵制に加え、国が金や物を出して兵士を募る「募兵制」も採用した。

しかし、やがて財政的に兵士の雇用を維持することが困難になると、年齢に応じて一定の期間、兵士として働かせる「兵役制」が登場する。秦王朝では一七～六〇歳の男子に二年の兵役義務が課せられた。

隋、唐の時代になると、兵役制は南北朝時代の西魏に始まった兵農一致の制度「府兵制」へと整備されて行く。農民の中から徴兵し、農閑期に農民兵として訓練し、交代で都や辺境の警固に当たらせた。しかし、衣服や食糧が自弁とされるなど徴集された府兵の負担は重く、兵役忌避や均田制の崩壊により、府兵制は次第に形骸化して行った。府兵制は八世紀半ばには廃止され、募兵制へと移行して行った。

宋における募兵制は禁軍・廂軍・郷軍によって構成された。禁軍は皇帝直属の中央軍、いわば正規軍である。廂軍は地方軍の位置付けであったが、主に警察、輸送、雑役などの業務を行なった。郷軍は地方政府により集められた傭兵で、平時は生業に携わり有事には禁軍の補助に当たった。

明の時代になると、「衛所制」と呼ばれる兵農一致の軍事制度が取られた。農民や商人の家である民戸とは別に、兵役を担う家である軍戸を設定した。軍戸から一人徴兵し、百戸所、千戸所と編成し、千戸所五つを「衛」と呼ばれる組織が統括する仕組みだ。軍戸は兵役に加え、労役や屯田も課せられたため、軍戸の多くが疲弊し、没落して行った。しかも軍戸は世襲制であったため、田畑を売って逃げ出す者が相次ぎ、次第に衛所制は衰退して行った。

清代には「八旗制」と呼ばれる社会制度・軍事制度が敷かれた。旗（満州語で「グサ」という）は一つの軍団の単位である。男子三〇〇人を一ニル、五ニルが一ジャラン、五ジャランが一グサとして編成された。つまり一旗（グサ）は七五〇〇人となり、それが八旗（八軍）設けられたので八旗制と呼ばれる。

八旗に属する人々（旗人）は、平時には農耕や狩猟を行ないつつ、有事には兵役や警備に従事した。旗人には農地（旗地）が支給されるなど特権階級として優遇されたが、旗人の贅沢や旗人の増加と共に次第に生活が困窮、軍事力も低下し、清朝末期には八旗制は形骸化した。

■ヨーロッパ

ヨーロッパに目を向けると、古代ギリシャにおいて兵役が存在した。都市国家（ポリス）の参政権が得られる代わりに、ポリスを防衛する義務を負った。そのため、兵役義務が課せられたのは参政権のある自由民男性であり、参政権がなかった女性や奴隷などの非自由民には兵役義務はなかった。

古代ローマにおいても、市民権を持つ成人男子に兵役が課せられたが、保有資産の多寡により兵役の内容が分けられた。当時、兵士の武具は兵士各自の購入が原則であったため、保有資産による区分けは合理的だったようだ。やがて、軍の編成は保有資産による区分けから年齢による区分けに変更され、最低限の武具は国から支給されるようになった。しかし、兵役は資産があり市民権を持つ者の義務であり、資産を持たない者は兵役を免除されていた。

その後、ローマではガイウス・マリウスにより行なわれた軍制改革により一般市民の兵役は廃止され、志願制が導入された。マリウスが注目したのは貧民階級だ。改革以前から兵士には本来の仕事に対する損失補填として給料が支払われていた。その額は損失補填としては決して十分な額とは言えなかったが、貧民階級にとっては生活する上での貴重な収入源となった。

この改革は、働き手を兵士に取られ困窮した農家を兵役から解放し、代わりに貧民階級は職を得ることができた。志願制の導入により、ローマ軍はそれまでの市民（主に農民）により構成されるいわばアマチュアの軍隊から、規律と厳しい訓練により鍛えられたプロフェッショナルの軍隊へと変貌を遂げ、ローマの軍事力は大いに強化された。

中世のヨーロッパでは、騎士を中心とした封建軍が戦闘の主力であったが、軍の補強や有事の際の援軍として〝傭兵〟が使われた。傭兵とは金銭などの利益により雇われる兵士だ。プロの兵士である傭兵の戦闘能力は高かったため、戦争の大規模化により兵力が不足すると、傭兵に対する需要が高まった。英仏の百年戦争（一三三七〜一四五三年）で、傭兵を中心とする強力な軍を擁したフランスが勝利すると、その後、戦争における傭兵の重要度は高まり、一五〜一六世紀にかけて傭兵は歴史上、もっとも活躍した。

国土の大半が山地で、耕作地が少なくめぼしい産業がなかったスイスは、かつて傭兵稼業が一大産業になっていた。普段から地元で軍事訓練を行ない、他国から要請があれば傭兵を派遣した。国を挙げての体を張ったスイスの傭兵産業は「血の輸出」と呼ばれ、スイスの傭兵は一五〜一八世紀にかけ、ヨーロッパにおける多くの戦争に参加した。戦闘能力に優れ、忠誠心が高いスイス傭兵は、フランスやバチカンなどで活躍し厚い信頼を受けていた。

一五二七年、神聖ローマ帝国の軍勢がローマに侵攻し、殺戮と破壊の限りを尽くした「ローマ略奪」の際には、スイス傭兵がクレメンス七世を守り抜いた。この時、一八九人いたスイス傭兵のうち、一四七人が命を落としたという。

フランス革命の際も、ルイ一六世のために必死で戦った。一七九二年の「八月一〇日事件」（パリの民衆と軍隊がテュイルリー宮殿を襲撃してルイ一六世と一族をタンプル塔に幽閉した事件）の際は、スイス傭兵七八六名がテュイルリー宮殿の防衛に当たったが、ルイ一六世が攻撃命令を出さなかったため、六〇〇名が戦死した。生き残った者も全員捕らえられ、処刑された。

一八二一年、「八月一〇日事件」において勇敢かつ悲劇的な死を遂げたスイス傭兵を偲び、デンマークの彫刻家トルバルセンが断崖に鎮魂の慰霊碑を刻んだ。スイスのルツェルンという町にあるこの慰霊碑は、「瀕死のライオン像」と呼ばれ今も多くの観光客を惹き付ける。背中に折れた矢が刺さったライオンはスイス傭兵を表し、ライオンの前にかばうように置かれた盾はルイ一六世とその家族を表している。

しかし、スイス傭兵のように、高く評価された傭兵はむしろ例外と言えるの

ルイ16世とその家族を守ったスイスの傭兵を偲び刻まれた瀕死のライオン像。その姿は見るものを惹き付け、今も多くの観光客が訪れる場所となっている。（撮影　第二海援隊出版部）

かもしれない。傭兵は徴兵のような義務によるものではなく、直接の利害関係のない戦争に参加する。そのため、ほとんどの傭兵には国家に対する忠誠心などなく、その目的は報酬のみだ。敵味方によらず、もっとも高い報酬を提示した雇用主と契約する者も少なくなかった。戦場での略奪行為や、故意に戦争を長引かせるヤラセも行なわれたという。そのため「戦争屋」などと言われ、しばしば侮蔑の対象になった。

三〇年戦争（一六一八～一六四八年）では、戦闘の長期化に加え傭兵の存在もヨーロッパを荒廃させた。傭兵を維持するための課税、物資の徴発、さらには君主から給料が支払われなくなった傭兵による略奪が、人々を苦しめた。そのため、同戦争以降、傭兵は次第に敬遠されるようになり、国民軍が主流になって行く。

その大きな転換点となったのがフランス革命（一七八九年）だ。フランス革命により周辺諸国からの干渉が強まり、革命を防衛するための戦争が始まった。戦線拡大に伴い、兵士の確保に迫られ、徴兵制による国民皆兵の軍隊「国民軍」

が創設された。革命により国家は王ではなく国民のものとされ、戦争についても国民全員に参加する義務があるという考えが強まった。

戦争の近代化も徴兵制の必要性を高めた。兵器の威力が増したことで戦死者が激増し、兵士の補充が十分にできなくなったためだ。このような中、革命による国民主権という原理は、徴兵制導入の大義名分となった。

もちろん、国民全員が徴兵制による国民軍に賛同していたわけではない。特に農村部では反発する者が少なくなかった。農村部は都市部に比べ革命機運に乏しかったためだ。一七九三年にはフランス南西部のヴァンデー地方で、農民による大規模な反革命運動が発生している。革命政府は反乱を鎮圧したものの、その後も数年間、ゲリラ化した農民による蜂起が各地で続いた。

それでもフランス革命は多くの国民の愛国心に働きかけ、国家と国民との一体化が図られた。彼らの多くは個人的な利害や損得ではなく、国家や革命を守るために従軍した。何より国民軍は傭兵に比べ維持費が安く、大量に動員することができた。

こうして傭兵の重要性は低くなり、忠誠心や戦闘意欲の高い国民軍が主流となり、今日に至っている。

■日本

日本における兵役義務を課す制度としては、奈良時代に設けられた「軍団制度」がある。軍団とは軍事組織であり、国家が人民から徴兵した。七世紀末から八世紀初め頃の日本は唐や新羅などと敵対しており、これらに対する防衛のため、軍団制度が導入された。大宝律令に続き七五七年に施行された養老律令の編目の一つ、軍防令によって成人男性（二一〜六〇歳）三人につき一人を兵士として徴発するとされた。しかし、実際に徴兵された人数はこれよりも少なく、一戸から一人程度だったようだ。兵士の食糧や武器は自弁で、負担の重さから逃亡する者が多かったという。

やがて、唐や新羅との関係が改善し軍事的脅威が減少すると軍団は縮小して行き、八二六年には東北辺境を除き廃止された。軍団の廃止により地方の治安維持機能は低下したため、自己防衛のために私的に武装する郡司や百姓も増えた。朝廷は国衙（中央政府から派遣された国司が地方政治を遂行した役所）や受領（現地に赴任して実務をとる国司）といった地方行政に裁量を認め、国司は郡司や富豪層を通じた支配を行ない、彼らを軍事力として取り込んだ。これは、「国衙軍制《こくがぐんせい》」と呼ばれる。律令制が衰退して行く中で、中央政府が戸籍を通じて全国の個人を把握する個別人身支配から、郡司や富豪層などの在地の実力者に権限を与え間接支配する形態へと変化して行ったわけである。

一〇世紀になると、国衙軍制が発展するにつれ武士という身分が誕生した。元々は自分たちが切り開いた土地を防衛していた武士は、次第に影響力を増して行った。やがて、軍事に関する権限は朝廷や貴族から武士へと移って行った。源頼朝によって開かれた鎌倉幕府は、半ば朝廷から独立して全国の武士を直接統括した。こうして武士は、軍事力を独占して行った。

戦国時代になると、身分制度は崩壊し武士と農民の違いは曖昧になって行った。武士に限らず、農民や商人など多くの人々が軍事に携わり、時に戦乱にも加わった。

江戸時代になり再び身分が固定化されると、軍事力も武士が独占するようになり、農民や町人は軍事に関わらなくなった。

我が国において本格的に徴兵制が開始されたのは、「徴兵令」が制定された明治時代である。一八七三年に制定された徴兵令は、軍事に関する特権を奪われた武士の不満を招き士族反乱の一因となった。また、西日本を中心に農民らによる徴兵令反対一揆（血税一揆）も相次いだ。

二〇歳に達した男子は徴兵検査を受けることが義務付けられた。結果は身体能力別に「甲・乙・丙・丁・戊」の五種類に分けられた。「身体頑健、健康」とされる甲種が最高ランクで、以下乙、丙、丁の順で身長・体重・健康度のランクが下がる。

当初は甲種の合格者は少なく、一〇人のうち一人か二人程度だったようだ。戦争が始まると、甲種の国民から徴兵されて行くため不公平感から徴兵反対運動が起きた。徴兵を逃れるための不正も横行した。視力や聴力が劣るふりをしたり、病気になろうと煙草を大量に吸ったり、醤油を一気飲みするなど、様々な徴兵逃れが行なわれたようだ。

徴兵令は一八八九年に改正され、男子の国民皆兵が義務付けられた。甲種合格者の大部分が入隊するようになると、国民の徴兵制に対する認識も変化して行った。徴兵逃れを行なう者は減り、むしろ甲種合格ができず徴兵されないことは不名誉であるという風潮が広まって行った。

さらに一九二七年には、徴兵令は「兵役法」へと改正された。原則として一七歳から四〇歳までのすべての男子に兵役の義務を課し、兵役を「常備兵役」「後備兵役」「補充兵役」「国民兵役」の四種類に区分した。常備兵役は、「現役」と「予備役」とに分けられた。現役はその名の通り、実際に軍隊に入り軍務に就く者を言う。現役以外については、普段は民間人として生活し、戦時、事変の際に必要に応じて軍に召集された。それぞれの役種により兵役の期間は異なる。たとえば、陸軍では現役を二年務め、現役終了後に予備役を五年四ヵ月、常備兵役終了後に後備兵役を一〇年というように、通算で一七年四ヵ月の兵役に就く。

太平洋戦争では、戦局が激化するにつれ戦死者が増加し、兵力不足が深刻化した。多くの国民が招集され、大戦末期の徴集率は九割を超えたという。一九四三年には学徒出陣が始まり、それまで徴兵を猶予されていた学生も徴兵された。また米軍の上陸が迫る沖縄では、一四歳から一六歳の学徒を「鉄血勤皇隊」として防衛召集した。沖縄戦において、多くの少年兵が不十分な装備のまま戦闘に参加し、命を奪われた。

一九四五年六月には、兵役法の徴兵対象を拡大した「義勇兵役法」が施行された。原則として一五歳から六〇歳までの男子、および一七歳から四〇歳までの女子に兵役を課し、「国民義勇戦闘隊」に編入できるとされた。それまでの兵役法と異なり、女子や一七歳未満の少年にも兵役が課された。

このような「根こそぎ動員」も虚しく、一九四五年八月日本は降伏し、徴兵制度の根拠となる兵役法は同年一一月一七日に廃止された。

世界の徴兵制の現状

■中国

現在の中国は徴兵制を敷くが、徴集兵と志願兵を並立させた制度を採用している。平時には年一回徴集が行なわれ、満一八歳に達した男子が徴集される。徴集されなかった者も二二歳までは徴集可能とされ、必要に応じ女子も徴集できることになっている。

このように、中国には兵役の義務があるわけだが、志願兵の希望者が多く、志願兵のみで新兵の枠はほぼ満たされるため、実質的には募兵制に近いと言える。人民解放軍は志願兵を主体とし、それに少数の徴集兵を合わせて構成されている。何しろ中国は人口が多いし、貧困層にとって人民解放軍の兵士は給料が高く人気のある職業だ。賃金や兵役期間、階級など待遇面において、徴集兵よりも志願兵の方が優遇されている。ちなみに、中国の人民解放軍は国軍ではなく、中国共産党の軍隊という位置付けである。

希望者の多い人民解放軍の兵士であるが、最近は身体検査で不合格になる若者がかなり増えているという。血液検査や視力検査など不合格の理由は様々あるようだが、食事や運動など生活習慣もかなり影響しているのだろう。

ただ、近年の飛躍的な経済成長により国民全体の生活水準が向上したことで、中国の徴兵にも変化が見られる。兵役を避ける傾向が強まっているのだ。人民解放軍は全国各地の大学で説明会を開催し学生の志願を募るが、最近は予定の人員を集めるのに苦労しているという。以前は山村の貧しい家庭では、人民解放軍の高待遇を目当てに志願する若者が多かったが、経済発展により待遇の良い就職先が増え、わざわざ軍隊で苦労しなくても生活できると考える者が増えているようだ。

このような状況だから、人民解放軍の若手の中にも士気の低い者が増えているようだ。それを伝える記事を一部紹介しよう。

「一部の若手将兵は毎晩、テレビにかじりつき、ポテトチップを片手に、映画を見て過ごす」

中国人民解放軍が運営する情報サイト「解放軍網」は一部の若手将校の間で怠惰な空気が蔓延していると批判する異例な記事を掲載した。中国軍には一〇万以上の一人っ子の将兵がおり、家庭では「小皇帝」として甘やかし放題に甘やかされてきた者が少なくないだけに、「新世代の革命軍人として、血戦を戦い抜く意志と気概、精神を持つ必要がある」と強調している。

同紙はこれらの軟弱な若者はいったん厳しい訓練などに直面すると、すぐに逃げようとするとして、強敵に対しては「高所恐怖症」の心理状態に陥ってしまうと嘆いている。

同紙ばかりでなく、他の中国メディアも最近、一人っ子世代の中国軍将兵の惰弱さについて触れることが多い。二週間の軍事訓練に参加した二五〇〇人の若い兵士のうち六〇〇人以上も医務室に駆け込んだり、二〇〇八年の四川大地震でも、救難出動の際、「危険だから行きたくない」と子供のように駄々をこねて、泣いて出動を拒否する兵士もいたと伝えられる。

（『NEWSポストセブン』二〇一五年四月一一日付）

経済的に豊かになり、いわゆるハングリー精神が乏しくなったことに加え、一人っ子政策で甘やかされて育った世代が、人民解放軍の戦力に少なからぬ影響を与えているのは間違いない。

中国では中学、高校、大学で秋の新学期に軍事訓練が実施される。数日から一ヵ月程度の短期ではあるが、豊かな時代に育った学生たちにとっては非常に厳しい訓練のようで、死亡するケースもある。米国が発信する中国人向けのメディア『大紀元』が、その厳しい訓練の一端を報じている。

「男子は頭を三ミリメートル以下に短く剃らなければならず、違反す

迷彩服姿で武術の訓練に励む上海の女子大生。中国の大学では新入生全員に１ヵ月間の軍事訓練が義務付けられ、学生には単位が与えられる。（写真提供：EPA＝時事）

れば水溜めに座らされた」――軍事訓練を受けた大学一年生は国営メディア華商報の取材に答えた。陝西省西安では、新大学生が降りしきる雨の中、軍服を着て行進の訓練を受けた、と写真付きで報じた。

小雨になると、学生たちは傘なしで行進を続けたという。隊列が乱れれば水溜めに座らされ、また再開し、乱れればまた座る。何十回と繰り返される訓練。軍の指導員は女子学生に対して、男子が罰せられる侮辱的な姿を注視するよう命じた。（中略）

河北省保定市で九月一〇日、教員から「酷い疲労」のため訓練を中止した男子生徒（一三）は帰宅後、頭部外傷により死亡した。両親は、ケガは体罰によるものだと考えている。山東省青島市では八月九日、男子生徒（一五）が軍事訓練の最中、熱中症で死亡した。同様の事故は他省でも報告されている。江西省景徳鎮市では九月六日、軍服の着用を拒んだ女子高校生が教師に非難され、川に飛び込み、自殺した。

（『大紀元日本』二〇一四年九月二五日付）

もちろん、厳しいとはいえ学生対象の短期間の訓練だから、兵士向けの本格的な軍事訓練よりは平易な内容であるのは、言うまでもない。あくまでも愛国教育の一環として国防の重要性や軍隊への理解を深め、規律を守る心や忍耐力を養成することに主眼が置かれていると考えてよいだろう。

■韓国

韓国は徴兵制と志願兵制を併用しており、すべての成人男性は一定期間の兵役が義務付けられている。一九歳になる年に徴兵検査を受け、現役兵と判定された者は入隊しなければならない。病気や学生であるなど正当な理由があれば兵役を延期できるが、それでも三〇歳までには入隊しなければならない。

兵役義務期間は陸軍と海兵隊が二一ヵ月、海軍が二三ヵ月、空軍が二四ヵ月となっている。約二年の兵役義務があるわけだが、一九八七年の「民主化宣言」以降、兵役義務期間は短縮されてきた。この傾向は現在も続き、文在寅大統領は大統領選で兵役義務期間の短縮を公約にしている。公約が実現すれば、陸軍が一八ヵ月、海軍が二〇ヵ月、空軍が二一ヵ月とそれぞれ三ヵ月短縮される。

軍隊だから、厳格なルールに従わなければならない。長髪は禁止、携帯電話をはじめ私物は没収、喫煙も許されない。

訓練自体も厳しい。韓国の軍事訓練の厳しさはよく知られている。軍隊経験のない若者にとって、入隊して最初の五週間に受ける「新兵基礎訓練」は非常に過酷だ。軍人としての心構えを学ぶ「精神教育」、軍隊式の敬礼や歩き方、立ち方、座り方を叩き込まれる「制式訓練」にはじまり、機関銃を使った射撃訓練、手榴弾訓練、重装備での行軍などの訓練を受ける。

新兵基礎訓練の中で、誰もがもっとも恐れるのが「化学ガス訓練」だという。専用の部屋で、防毒マスクを外して催涙ガスを浴びるという強烈な訓練だ。聞くだけでも「さぞ苦しいだろう」と思うが、これが本当に辛いらしい。その体験談が、韓流サイト「ロコレ」に掲載されているので紹介しよう。

――

「時間にしたら、本当に短い時間だと思うんですよ。でも、僕には何時間にも感じられましたね。強烈な催涙ガスを浴びるので、涙や鼻水やヨダレが止まらなくなり、もう信じられないくらいに苦痛なんですよ。一度、あの催涙ガスを浴びたらわかります。人間はこんなにも涙や鼻水やヨダレが出るものなのか、とビックリしてしまいます。本当につらい訓練でしたが、たった一度だけだから良かったです。あんな訓練を何回もやるなら、脱走兵が多くなってしまうでしょうね」

（『ロコレ』二〇一七年二月二五日付）

新兵基礎訓練を終えると、各部隊に配属される。部隊によってはさらに厳しい訓練が待ち受ける。特に真冬の訓練は兵士を苦しめる。一時間交代で弾薬庫や軍幹部の宿舎などを警護する「警戒勤務」、厳寒期に雪の上にテントを張り寒さに耐えつつ何日も過ごす「雪上訓練」などがある。

約二年の兵役を終え除隊した後は予備役となり、定期的に召集され軍事訓練を受けることになっている。韓国国民にとって、兵役が完全に終わるのは四〇歳である。

■スイス

永世中立国で平和国家のイメージが強いスイスだが、国民皆兵を国是とし徴兵制を採用している。一八歳に達した男子は、兵役を務める能力の有無を調べる身体検査を受け、合格者は二〇歳までに一八週、または二一週間の初任訓練を受ける。その後三四歳までに数度の補充講習を受け、二〇歳以降通算で二六〇日間の兵役に就く。

スイスでは、訓練期間中週末は自宅に帰ることができる。ただし、帰宅するまで軍服着用が義務付けられている。そのため駅や電車の中、コーヒーショップなどで兵士をよく見かける。

スイスでも冷戦の終結により他国からの侵略のリスクが低下したことで、莫大なコストがかかる徴兵制は廃止すべきという意見も少なくない。徴兵制の是非を問う国民投票もこれまで何度か実施されているが、二〇一三年に実施された国民投票では、有権者の七三％という圧倒的多数が徴兵制の廃止に反対した。もちろん、多くの国民は好き好んで兵役に就くわけではないだろうが、スイスでは総じて軍に対する信頼が厚く、自分たちの国は自分たち国民が守るという意識が強い。

女性については兵役義務はないが、自主的に志願することはできる。現在、一〇〇〇人を超える女性が軍隊に所属しているが、女性の比率は一％にも満たずごくわずかである。ただ、自ら兵役を志願する女性は年々増えているという。つい最近も、兵役義務が課せられるのは男性のみで女性には課せられないのは不公平だ、と主張する女性が兵役を志願したことが話題になった。女性への兵役義務化も検討されている。各州で行なわれる軍の説明会への出席を、二〇二〇年までに女性にも義務付けることを検討しているという。

■イスラエル

徴兵制を採用するほとんどの国が男子のみを対象としているのに対し、イスラエルは女子にも兵役義務を課す珍しい国だ。一八歳になると、男子は三年、女子は二年程度の兵役に就く。ただし、妊娠や健康上の理由、宗教上の理由などから女性については約三分の一が兵役を免除されている。常に戦闘に備えるため、休暇の際にも武器の携帯を義務付けられるという。

周囲を敵国に囲まれ、いつ戦争が起きても不思議ではないという環境から全般に国民の国防意識は高い。イスラエル国防軍は、その強さや練度において世界有数の軍隊の一つと言われる。

一般に、兵役と聞くと厳しい軍事訓練により体力や精神力を鍛えるといったイメージがあるが、イスラエルの兵役はそのようなイメージとは大分異なる。徴兵された者が一律に同じ任務に就くことはない。様々な試験、審査により選別が行なわれ、優秀な人材は最新の軍事技術の開発を行なう部門やサイバー諜報を行なう部門などに配属される。

イスラエルは一九九一年、世界に先駆けて高校にプログラミング教育を導入し、現在では小学校の段階から基礎的なプログラミング教育を学ぶ環境が整う。

こうしてプログラミングの能力に秀でた人材が、徴兵の際に最先端の研究開発部門に配属されるのだ。

そして、兵役を終えると大学で研究を続けたり、ハイテク関連のスタートアップ企業を立ち上げるなど、民間部門にも活躍の場を広げて行く。

イスラエルは「中東のシリコンバレー」と称され、四国と同程度の小さな国土に数千社のスタートアップ企業がひしめき、最先端の技術を次々に生み出している。このような小国がＩＴやＡＩなどの開発で世界をリードするハイテク国家になり得たのは、高度な軍事技術とそれを支える教育、さらには徴兵制も大きな役割を果たしていると言えよう。

■ロシア

ロシアは、過去三世紀にわたり徴兵制を採用している。一八～二七歳の男子に対し、一年間の兵役義務が課せられる。徴兵は春と秋の年二回行なわれ、それぞれ約一五万人が徴兵される。

ロシア軍は将兵の給与水準が非常に低いのに加え、食糧事情や居住環境も悪く、軍内でのいじめや殺人も後を絶たない。そのため、徴兵制はロシア国民の間で非常に評判が悪く、徴兵逃れが蔓延している。学生は兵役を遅らせることができるため、いやいやながら大学や大学院に通う者も少なくない。

徴兵対象者のうち、実際に兵役に就くものは一割以下と言われる。さらに、少子化の影響もあり、軍の定数を維持するのも困難な状況にある。ロシアの徴兵制は、形骸化しつつある。

二〇一七年一〇月には、プーチン大統領が「徴兵制を段階的に廃止する」と発言し注目を集めた。ロシア軍は、徴兵制から契約軍人制へと段階的に移行させて行くとのことだ。徴兵制が一年間の兵役期間なのに対し、契約軍人は最低三年勤務するため、高度な軍事技術を身に付けやすい。それもあり、すでにロシアは契約軍人を主体とする軍への転換を進めている。

ただし、徴兵が無給なのに対し、契約軍人には給料を支払う必要がある。ロシアの厳しい財政状況を踏まえると、完全な契約軍人制への移行は決して簡単ではないようだ。

■アメリカ

アメリカは基本的には志願兵制を採用している。一九七三年、ベトナム戦争の和平協定締結、米軍の撤退決定により徴兵を停止した。これによりアメリカは完全に志願兵制に移行したが、一九八〇年に選抜徴兵法が制定され、以前採用されていた選抜徴兵登録制度が復活した。

そして一八～二五歳のアメリカ国民、および永住外国人（いずれも男子のみ）に対して徴兵登録が義務付けられた。選抜徴兵登録制度により、有事の際には大統領と議会の承認を経て徴兵される可能性がある。対象者は、一八歳になると、郵便局で徴兵登録を行なう。アメリカ国民は登録しないと罰金刑が課せられたり、政府からの給付金が受給できないなどの不利益を被る。

ただし、現在の米軍は徴兵せずとも志願兵で十分賄える状況にあるという。兵器のハイテク化や民間軍事会社へのアウトソーシングが進み、第二次世界大戦後アメリカの将兵の人数は減少傾向にあることもあるが、多くの貧しい人たちが志願することが大きい。

技術や学歴もなく、十分な賃金の得られる仕事に就くことができない貧しい人たちにとって、軍の待遇は非常に魅力的なのである。二〇〇三年にイラク戦争で捕虜となったものの無事に救出されたことで、多くのメディアに取り上げられ注目を浴びた女性兵士ジェシカ・リンチ氏も、低所得家庭の出身だ。彼女は、大学進学への奨学金を得る目的で軍に志願したという。

このような経済的弱者が入隊を選ばざるを得ない状況は、経済的格差を利用した事実上の徴兵制とみなし「経済的徴兵制」と呼ばれる。実際、米軍の新兵募集部局は、南部など貧困層の多い地区で新兵募集の宣伝やキャンペーンを行なっている。

徴兵制は是か非か？

現在、徴兵制を採用する国は決して多くはない。国連に加盟している一九三ヵ国のうち、一六九ヵ国が軍隊を保有する。その中で徴兵制を採用している国は七〇ヵ国弱で、残りの約一〇〇ヵ国には徴兵制がない。特に、冷戦終了後はヨーロッパ諸国を中心に徴兵制を廃止する動きが相次ぎ、現在は主要先進国の多くが徴兵制を採用せず、志願制に移行している。

徴兵制には、必要な兵士の人数を確保し、有事の際に軍隊経験者を即座に動員できるというメリットがある。地政学リスクの高まりや、国家間の緊張状態が続く状況下には非常に有効だ。

しかし、軍事的緊張が緩和すると、徴兵制のメリットよりもデメリットの方が目立ってくる。軍隊を保有・維持するには莫大な費用がかかるが、徴兵で集められる兵士の国防意識は高いとは言えない。自らの意思で入隊したわけではないから、やる気のない兵士が多くなりがちだ。兵士の質の低下は、軍隊の士気の低下にもつながりかねない。

また、将来の国を支えるべき若年男性を一定期間、軍隊に拘束することで、その間の学歴やキャリアを阻害するのもデメリットだ。それは民間の経済活動にもマイナスに働き、国家を衰退させるリスクをもはらむ。

何よりも、軍事技術の発達により高性能のハイテク兵器が開発されたことで、より少数の兵士での運用が可能になったことが大きい。つまり、徴兵による大人数の兵力確保よりも、よく訓練された少数精鋭の職業軍人が高性能兵器を運用する方が合理的で効率が良く、経済的にも負担が少ないというわけだ。

さらに、軍事力を提供する民間軍事会社への外部委託や、ＡＩを搭載したロボット兵器の利用も進みつつある。

このように、現在、世界の軍事・防衛において重要性が高いのは、徴兵ではない。高度に訓練され、ハイテク兵器を運用するプロフェッショナルな専門部隊である。

にも関わらず、ヨーロッパにおいて徴兵制復活の動きが見られるのはなぜか？　その狙いは軍事力の強化というよりも、むしろ国民に国防に対する意識を持ってもらうことにある、と指摘する専門家は少なくない。ロシアの軍事的脅威や相次ぐテロに対する国民の危機意識を高めようというわけだ。

翻って日本はどうか？　中国などの軍事的脅威が高まっているのにも関わらず、徴兵制はもちろん防衛に関する議論すら十分に行なわれていない。「自分たちの国は自分たちで守る」という気概や覚悟は、絶対に必要だ。国を守ることは、自分の大切な家族や自分自身を守ることに他ならない。

浅井隆からの重要なお知らせ

国家戦略研究所について

世界はますます混迷の度を深め、不安定な方向に向かおうとしています。日本周辺には三つの核保有国、二つの共産主義一党独裁国家があり、三つの国と領有権を係争中です。特に中国、ロシア、北朝鮮は力を信奉する非民主国家であり、日ごとにその脅威は増大しています。中国は習近平が唱える「偉大なる中華民族の復興の夢」、すなわち米国に替わる世界覇権国を実現するために軍備増強を図り、「一帯一路」構想を推進しています。ロシアも北方領土における軍備の増強、日本周辺における軍事活動を活発化させています。北朝鮮は核・ミサイル保有を公言し、先の米朝首脳会談で「非核化」について合意しつつも、今のところまったくその動きは見られません。また、国内に目を転ずれば、少子高齢化の動きは止めようもなく、今後長期的には国の活力低下は間違いなく、本来の日本の強みであった地方が崩壊の危機にあります。

このような情勢認識の下、この度、安全保障を中核とした国家戦略を研究、提言するために、浅井隆が提唱し、織田邦男（元空将）を所長として「国家戦略研究所」を立ち上げました。今後、「外交を含む安全保障」、「財政」および「教育」を主要課題とし、国家戦略を研究してまいります。具体的活動としては、年六回の戦略セミナー開催、研究成果発表、研修などを通じ、国家戦略を策定、提言すると共に、良質な情報を国民に提供して参る所存です。本シンクタンクが「国家の運命」を我が事として考える先駆けとならんことを目指してまいります。

■セミナー予定

・二〇一八年一〇月一五日（月）第2回戦略セミナー　講師：西村金一「新

たに予想される朝鮮半島の危機」（場所：東京・御茶ノ水ファーストビル）
一八時三〇分～二〇時三〇分　会費　一般二〇〇〇円　学生五〇〇円
・二〇一八年一二月一七日（月）第3回戦略セミナー　講師：香田洋二（場所：東京・御茶ノ水ファーストビル）一四時〇〇分～一七時〇〇分（仮）
お問い合わせ、お申込み先・国家戦略研究所（ＩＮＳ）
ＴＥＬ：〇三（五五七七）四三二〇　ＦＡＸ：〇三（三二九一）〇〇一一
Ｅメール info@insj.jp　ホームページ http://insj.jp/

厳しい時代を賢く生き残るために必要な情報収集手段

日本国政府の借金は先進国中最悪で、ＧＤＰ比二四〇％に達し、太平洋戦争終戦時を超えて、いつ破産してもおかしくない状況です。国家破産へのタイムリミットが刻一刻と迫りつつある中、ご自身のまたご家族の老後を守るためには二つの情報収集が欠かせません。

一つは「国内外の経済情勢」に関する情報収集、もう一つは「海外ファンド」

や「海外の銀行口座」に関する情報収集です。これについては新聞やテレビなどのメディアやインターネットでの情報収集だけでは絶対に不十分です。私はかつて新聞社に勤務し、以前はテレビに出演をしたこともありますが、その経験から言えることは「新聞は参考情報。テレビはあくまでショー（エンターテインメント）」だということです。インターネットも含め誰もが簡単に入手できる情報で、これからの激動の時代を生き残って行くことはできません。

皆様にとってもっとも大切なこの二つの情報収集には、第二海援隊グループ（代表　浅井隆）で提供する特殊な情報と具体的なノウハウをぜひご活用下さい。

〝恐慌および国家破産対策〟の入口「経済トレンドレポート」

皆様に特にお勧めしたいのが、浅井隆が取材した特殊な情報や、浅井が信頼する人脈から得た秀逸な情報をいち早くお届けする「経済トレンドレポート」です。今まで数多くの経済予測を的中させてきました。

そうした特別な経済情報を年三三回（一〇日に一回）発行のレポートでお届

けします。初心者や経済情報に慣れていない方にも読みやすいレポートで、新聞やインターネットに先立つ情報や、大手マスコミとは異なる切り口からまとめた情報を掲載しています。

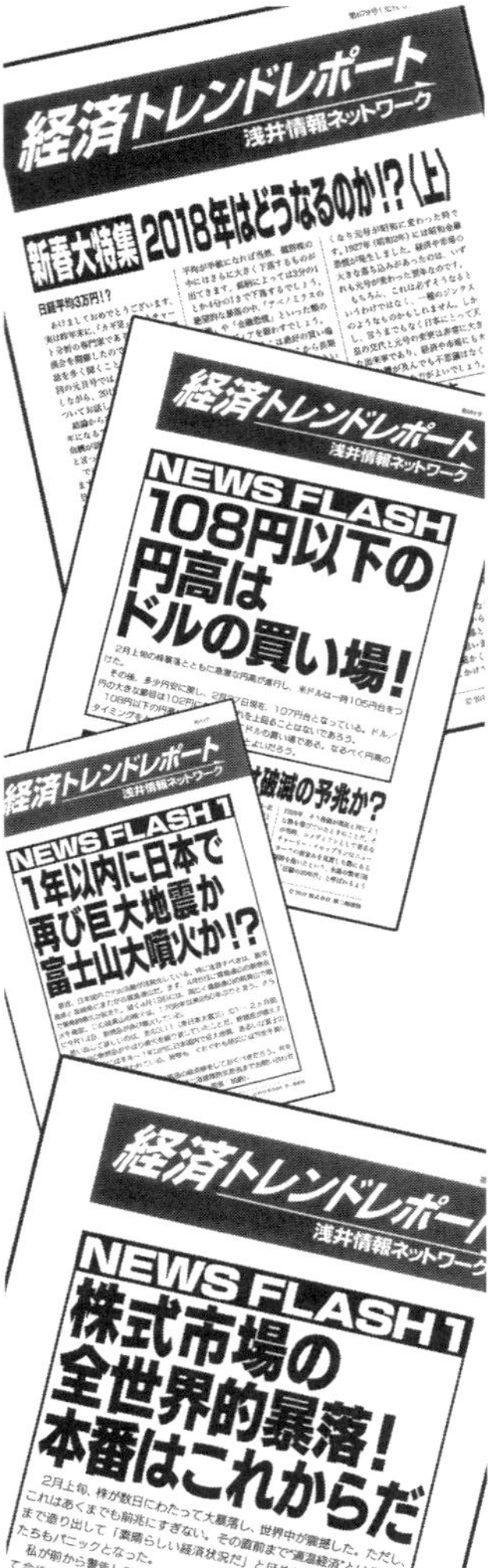

さらにその中で恐慌、国家破産に関する『特別緊急警告』も流しております。「激動の二一世紀を生き残るために対策をしなければならないことは理解したが、何から手を付ければ良いかわからない」「経済情報をタイムリーに得たいが、難しい内容にはついて行けない」という方は、まずこの経済トレンドレポートを

ご購読下さい。経済トレンドレポートの会員になられますと、講演会など様々な割引・特典を受けられます。

詳しいお問い合わせ先は、㈱第二海援隊まで。

ＴＥＬ：〇三（三二九一）六一〇六　　ＦＡＸ：〇三（三二九一）六九〇〇

〈対談者略歴〉

石破　茂　（いしば　しげる）

昭和32年2月4日生まれ。血液型B型。鳥取県八頭郡八頭町郡家出身。鳥取大学附属小・中学校、慶応義塾高等学校を経て、昭和54年3月、慶應義塾大学法学部法律学科卒業。昭和54年4月、三井銀行（三井住友銀行）入行。昭和61年7月、旧鳥取県全県区より全国最年少議員として衆議院議員初当選、以来11期連続当選。

内閣では、農林水産政務次官（宮澤内閣）、農林水産総括政務次官・防衛庁副長官（森内閣）、防衛庁長官（小泉内閣）、防衛大臣（福田内閣）、農林水産大臣（麻生内閣）、内閣府特命担当大臣（地方創生・国家戦略特別区域担当）（安倍内閣）を歴任。国会では、規制緩和特別委員長、運輸常任委員長。自民党では過疎対策特別委員長、安全保障調査会長、高齢者特別委員長、総合農政調査会長代行、政務調査会長、幹事長等を歴任。

〈参考文献〉

【新聞・通信社】

『日本経済新聞』『産経新聞』『朝日新聞』『毎日新聞』『時事通信』『共同通信』

『ブルームバーグ』『ロイター』

【書籍】
『「民意」の嘘』（櫻井よしこ　花田紀凱・産経新聞出版）『南洲翁遺訓』
『自衛隊幻想』（荒木和博　荒谷卓　伊藤祐靖・産経新聞出版）
『一九四六年憲法――その拘束』（江藤淳・文藝春秋）
『戦艦大和ノ最期』（吉田満・講談社）

【拙著】

『浅井隆の大予言〈下〉』（第二海援隊）

【論文・雑誌・その他】
『侵害の予期と急迫不正の侵害の判断基準』（森住信人　専修ロージャーナル）
『明日への選択』（日本政策研究センター）『祖国と青年』（日本青年協議会）
『正論』（産経新聞社）『SAPIO』（小学館）
週刊『世界と日本』（内外ニュースチャンネル）

【ホームページ】

フリー百科事典『ウィキペディア』『コトバンク』『防衛省』『フォーブス』

『ウォールストリート・ジャーナル電子版』『ダイヤモンドオンライン』

『産経ニュース』『週プレNEWS』『ナショナルジオグラフィック』『世界史の窓』

『ロコレ』『ウェッジ』『日経ビジネスオンライン』『JB PRESS』『KONEST』

『NHK』『ニュースポストセブン』『スイス公共放送協会（SRG SSR）国際部』

『ニューズウィーク日本版』『フィナンシャルタイムズ』『ＢＢＣ』

『ザ・ハフィントン・ポスト・ジャパン』『エコノミスト』『放言BARリークス』

『NEWSを疑え！』『BEST TIMES』『zakzak』『ボイス・オブ・アメリカ』

『フォーリン・アフェアーズ・リポート』『We are the Mighty』『朝鮮日報』

『大紀元日本』『環球時報』『人民網』『レコードチャイナ』『中央日報』

〈著者略歴〉
浅井　隆　（あさい　たかし）
経済ジャーナリスト。1954年東京都生まれ。学生時代から経済・社会問題に強い関心を持ち、早稲田大学政治経済学部在学中に環境問題研究会などを主宰。一方で学習塾の経営を手がけ学生ビジネスとして成功を収めるが、思うところあり、一転、海外放浪の旅に出る。帰国後、同校を中退し毎日新聞社に入社。写真記者として世界を股に掛ける過酷な勤務をこなす傍ら、経済の猛勉強に励みつつ独自の取材、執筆活動を展開する。現代日本の問題点、矛盾点に鋭いメスを入れる斬新な切り口は多数の月刊誌などで高い評価を受け、特に1990年東京株式市場暴落のナゾに迫る取材では一大センセーションを巻き起こす。その後、バブル崩壊後の超円高や平成不況の長期化、金融機関の破綻など数々の経済予測を的中させてベストセラーを多発し、1994年に独立。1996年、従来にないまったく新しい形態の21世紀型情報商社「第二海援隊」を設立し、以後約20年、その経営に携わる一方、精力的に執筆・講演活動を続ける。2005年7月、日本を改革・再生するための日本初の会社である「再生日本21」を立ち上げた。主な著書：『大不況サバイバル読本』『日本発、世界大恐慌！』（徳間書店）『95年の衝撃』（総合法令出版）『勝ち組の経済学』（小学館文庫）『次にくる波』（PHP研究所）『Human Destiny』（『9・11と金融危機はなぜ起きたか!?〈上〉〈下〉』英訳）『あと2年で国債暴落、1ドル＝250円に!!』『いよいよ政府があなたの財産を奪いにやってくる!?』『2017年の衝撃〈上〉〈下〉』『すさまじい時代〈上〉〈下〉』『世界恐慌前夜』『あなたの老後、もうありません！』『日銀が破綻する日』『ドルの最後の買い場だ！』『預金封鎖、財産税、そして10倍のインフレ!!〈上〉〈下〉』『トランプバブルの正しい儲け方、うまい逃げ方』『世界沈没――地球最後の日』『2018年10月までに株と不動産を全て売りなさい！』『世界中の大富豪はなぜＮＺに殺到するのか!?〈上〉〈下〉』『円が紙キレになる前に金を買え！』『元号が変わると恐慌と戦争がやってくる!?』『有事資産防衛　金か？　ダイヤか？』『第2のバフェットかソロスになろう!!』『浅井隆の大予言〈上〉〈下〉』『2020年世界大恐慌』『北朝鮮投資大もうけマニュアル』『この国は95%の確率で破綻する!!』（第二海援隊）など多数。

徴兵・核武装論〈上〉

2018年9月25日　初刷発行

著　者　浅井　隆
発行者　浅井　隆
発行所　株式会社　第二海援隊
〒101-0062
東京都千代田区神田駿河台2-5-1　住友不動産御茶ノ水ファーストビル8F
電話番号　03-3291-1821　　FAX番号　03-3291-1820

印刷・製本／株式会社シナノ

 ISBN978-4-86335-189-9
Printed in Japan

第二海援隊発足にあたって

日本は今、重大な転換期にさしかかっています。にもかかわらず、私たちはこの極東の島国の上で独りよがりのパラダイムにどっぷり浸かって、まだ太平の世を謳歌しています。

しかし、世界はもう動き始めています。その意味で、現在の日本はあまりにも「幕末」に似ているのです。ただ、今の日本人には幕末の日本人と比べて、決定的に欠けているものがあります。それこそ、志と理念です。現在の日本は世界一の債権大国（＝金持ち国家）に登り詰めはしましたが、人間の志と資質という点では、貧弱な国家になりはててしまいました。それこそが、最大の危機といえるかもしれません。

そこで私は「二十一世紀の海援隊」の必要性をぜひ提唱したいのです。今日本に必要なのは、技術でも資本でもありません。志をもって大変革を遂げることのできる人物と、それを支える情報です。まさに、情報こそ〝力〟なのです。そこで私は本物の情報を発信するための「総合情報商社」および「出版社」こそ、今の日本にもっとも必要と気付き、自らそれを興そうと決心したのです。

しかし、私一人の力では微力です。ぜひ皆様の力をお貸しいただき、二十一世紀の日本のために少しでも前進できますようご支援、ご協力をお願い申し上げる次第です。

浅井　隆